CAMPAGNE

D'UN

JEUNE FRANÇAIS

EN GRÈCE.

IMPRIMERIE DE FIRMIN DIDOT,
RUE JACOB, N° 24.

CAMPAGNE

D'UN

JEUNE FRANÇAIS

EN GRÈCE,

ENVOYÉ PAR M. LE DUC DE CHOISEUL.

F.-R. SCHACK,

ÉTUDIANT EN DROIT A PARIS, ANCIEN PALICARE DU GÉNÉRAL EN CHEF COLOCOTRONI.

Otia te, Rufine, juvant, frustràque juventa Consumis florem patriis inglorius arvis?
CLAUDIEN, carm. III, in Ruf..

Ces climats peuvent encore produire des actes de patriotisme et de vertus capables de surprendre les nations les plus civilisées de l'Europe....
Comte DE CHOISEUL-GOUFFIER, ancien ambassadeur à Constantinople, *Voyage pitt. de la Grèce, Disc. prél.* (1778).

PARIS,

FIRMIN DIDOT PÈRE ET FILS, LIBRAIRES,
RUE JACOB, N° 24.

M DCCC XXVII.

A MESSIEURS LES HONORABLES MEMBRES

DU

COMITÉ GREC DE PARIS.

MESSIEURS,

Je crois remplir un devoir saint et précieux à mon cœur en venant aujourd'hui vous payer le tribut de ma reconnaissance, et vous offrir l'hommage de ma *Campagne en Grèce*. Elle vous appartient autant qu'à moi, Messieurs, puisque je vous dois le beau voyage d'Athènes. C'est à vous principalement que je suis redevable de sa publication, ainsi qu'à Son Altesse Royale Monseigneur le duc d'Orléans, et à MM. le comte Destutt-Tracy, le général La Fayette, Dufresne Saint-Léon et Laffitte. Après celle d'avoir combattu pour la liberté grecque, c'est la plus douce satisfaction que je recueille à mon retour dans ma patrie. C'est vous, Messieurs, qui me la procurez, et toute ma vie je vous en rendrai grace.

Parti pour l'antique patrie des dieux et des héros sous vos auspices et sous ceux d'un noble duc, dans la famille duquel la Grèce compte ses plus fervents adorateurs, à qui mon devoir me prescrit-il mieux d'adresser mon ouvrage qu'aux hommes les plus éclairés, les plus illustres et les plus recommandables de la nation française, qui les premiers se sont cotisés pour secourir les malheureux chrétiens d'Orient, les ont consolés de l'abandon des rois, et ont formé dans la capitale cette société immortelle, une des gloires de la France, devenue le point central, le foyer, le canal par lequel se transmettent aux Grecs tous les bienfaits de l'Europe, en dépit des amis des Turcs, du privilége, du pouvoir absolu, d'une intolérance inhumaine et barbare, et d'une politique atroce qui frémit au seul nom de liberté et d'indépendance, mais qui cependant, et nous lui en rendons grace, vient de sortir de sa cruelle indifférence et de lancer ses vaisseaux dans les mers du Levant, fatiguée une fois peut-être de voir massacrer tout un peuple dont les ancêtres ont civilisé la terre, et qui n'ambitionne d'autre conquête que celle de sa liberté, que les farouches Ottomans lui ont ravie par la force et la violence?

Quel que soit le résultat de la noble lutte de ce peuple généreux, vous aurez rempli votre devoir, Messieurs, et payé votre dette à la civilisation. Vous aurez bien mérité de tous les peuples de la chrétienté en vous dévouant tout entiers à la cause sacrée de la liberté légale, de la religion et de l'humanité. Sans votre zèle, Messieurs, sans vos secours abondants (et que de fois je l'ai entendu de la bouche des Hellènes!), la population de la Grèce serait retombée sous le joug d'un despote irrité; ou plutôt, préférant la mort à l'esclavage, ruine vivante et glorieuse, elle aurait disparu sous ses ruines antiques.

Fasse le ciel que l'affranchissement de la Grèce vienne bientôt récompenser vos efforts et vos travaux. Une nation de plus, espérons-le, va être donnée au monde; vous aurez contribué à faire ce glorieux présent à la terre; les peuples vous devront décerner la plus belle des couronnes, celle que méritent de véritables amis de l'humanité, qui auront acquis la noble gloire d'avoir arraché des populations entières aux tourments de la faim, à la barbarie musulmane, et rendu la Grèce à la liberté.

Je suis avec le plus profond respect,

Messieurs,

votre dévoué serviteur.

F.-R. SCHACK.

A M. LE DUC DE CHOISEUL.

Généreux défenseur des libertés publiques,
Ennemi déclaré des princes tyranniques,
Permets qu'aux vœux du peuple osant unir les miens,
Je t'apporte, ô Choiseul! l'hommage des Vosgiens.
Ah! que ton souvenir est cher dans nos montagnes!
Que l'on aime à te voir habiter nos campagnes,
Lorsque tous les étés, abandonnant Paris,
Tu cours te délasser dans nos vallons fleuris!

Que d'actes généreux, quels traits de bienfaisance,
Signalent parmi nous ton aimable présence!
Du timide orphelin ta voix sèche les pleurs;
Et de la veuve en deuil terminant les malheurs,
Comme un Dieu tu souris à leur triste indigence,
Et leurs pressants besoins font place à l'abondance.

Provoqué chaque jour par un bienfait nouveau,
Le doux espoir s'assied au seuil de ton hameau.
Du riant Hoüécourt [1] les antiques chaumières
Doivent à tes vertus leurs tardives lumières;
Les écoles des arts et de la piété
Attestent dans ses champs ta générosité;
Et tous leurs habitants, pleins de reconnaissance,
Bénissent à l'envi ta gloire et ta naissance.

Mais du fond de nos champs, de nos hameaux chéris,
Ta gloire, noble pair, revole vers Paris.
Que de fois au sénat, d'une voix éloquente,
Tu foudroyas l'espoir d'une ligue insolente!
Ennemi du désordre et sage ami des rois,
Des peuples opprimés tu sais plaider les droits,
Et, de tes intérêts faisant le sacrifice,
D'audacieuses lois combattre l'injustice.

Amant de ton pays, tu voulus l'affranchir
D'un imprudent décret [2] qui devait t'enrichir;
Et ce noble combat où brilla ta grande ame,
Fit voir que l'honneur seul et t'anime et t'enflamme.

1 Village des Vosges où est situé le château de M. le duc de Choiseul.

2 Loi de l'indemnité pour les émigrés, par laquelle M. le duc de Choiseul recouvre en partie la perte d'une immense fortune.

Et cependant, Choiseul, frappé de longs malheurs,
De nos dissensions tu sentis les fureurs;
Et fidèle à ton roi, battu par la tempête,
Que d'orages affreux ont grondé sur ta tête!

Fuyant de ton pays les attentats cruels,
Et de jours trop sanglants les excès criminels,
Emportant avec toi nos regrets et nos larmes,
Tu passas ton printemps au milieu des alarmes.
Jouet de l'infortune et des chagrins mortels,
Dépouillé de tes biens et des champs paternels,
Loin du bruit et du sang, des scènes meurtrières,
Tu baignas de tes pleurs les rives étrangères.

Tu t'en souviens encor, quand errant sur les flots [1],
Tu tombas dans les fers, victime des complots;
Par quel tourment cruel, par quel sanglant outrage,
La fortune voulut essayer ton courage.
Pour comble d'infortune, après ces maux soufferts,
Deux ans injustement tu gémis dans les fers,
Loin de ton sol natal, de ta famille errante,
Que voyait l'étranger plaintive et gémissante;
Mais ta fille éloquente émut Napoléon,
Et vint te consoler d'un cruel abandon.

1 Naufrage de Calais.

De la patrie enfin ont fui les noirs orages,
Tu n'as plus désormais à craindre les naufrages;
Coulant en paix tes jours pleins de nobles vertus,
Tu vois des factions les poignards abattus.
De tes malheurs passés effaçant la mémoire,
Tu jouis parmi nous de la plus noble gloire;
Et de nos droits sacrés défenseur courageux,
Tu soutiens dignement leurs débats orageux.

Des Grecs infortunés embrassant la défense,
De ce peuple tu sais secourir la vaillance.
Unissant tes efforts aux dignes citoyens
De la cause des Grecs les plus fermes soutiens,
Des rives de la Seine à celles de la Grèce,
Vos secours abondants apportent l'allégresse,
Paralysent l'espoir de ses cruels bourreaux,
De la vengeance en elle allument les flambeaux;
Et de sa liberté préparant la conquête,
Sur le sultan Mahmoud font gronder la tempête.

Au fond de son sérail, plongé dans les plaisirs,
Le despote, dit-on, s'arrache à ses loisirs.
Qu'il accourt voir enfin cet immense incendie
Qui dévore des Grecs la nouvelle patrie!
Plus rapide, plus prompt que le cours des torrents,
Il embrase leurs cœurs de ses feux dévorants.

En vain marchent contre eux ses bandes vagabondes,
En vain souillent leurs champs ses hordes furibondes,
Rien ne peut arrêter l'élan de leurs soldats;
Leurs faibles bataillons dissipent ses pachas.

Si de lâches succès ont couronné ses armes,
Si ses *spahis* cruels, de Scio tout en larmes,
Massacrèrent sans frein les nombreux habitants,
Aux crins de leurs chevaux traînèrent les enfants,
Les vierges, les vieillards, les mères éplorées,
En virent de leur sang les terres arrosées;
Si l'île d'Ipsara, libre au milieu des flots,
Disparut sous la cendre avec tous ses héros,
Ses barbares soldats, sur le champ du carnage,
Éprouvèrent bientôt le féroce courage
Des Grecs électrisés au spectacle sanglant
De leurs frères couchés sur ce terrain fumant;
Si dans Missolonghi ses hordes effrénées
Entrèrent en silence, au carnage acharnées,
Se livrèrent sans frein à leur férocité
Sur le sexe innocent de la noble cité,
Il sait quels flots de sang ses hordes répandirent
Au pied de ces remparts que les Grecs défendirent:
Que d'Ottomans plongés dans la nuit du cercueil
Y virent tour-à-tour expirer leur orgueil!

La Grèce alors s'arma d'une double vengeance,
Et fit trembler Mahmoud dans les murs de Byzance.

De l'Europe, je sais, d'injustes potentats[1]
Accueillent ses projets, secondent ses états,
Et condamnant des Grecs la guerre auguste et sainte,
Montrent la cruauté dont leur ame est empreinte.
Éternels ennemis des révolutions,
Ils tiennent sous leurs mains de nombreux bataillons,
Tourmentent leurs hameaux, leurs villes gémissantes,
Pour nourrir à grands frais leurs troupes indolentes,
Et, comprimant partout l'esprit de liberté,
Redoutent justement ce torrent irrité.

Mais si des rois chrétiens secourent Sa Hautesse,
Les peuples généreux favorisent la Grèce.
Ils espèrent bientôt revoir la liberté
Couvrir de ses bienfaits son sol ensanglanté;
Tous ils forment des vœux pour son indépendance;
Tous, contre le despote, ils demandent vengeance.

Il est dans nos climats des hommes généreux,
Compatissants aux maux d'un pays malheureux;
En France, un comité d'illustres Philhellènes
D'un peuple abandonné calme, adoucit les peines.

1 Nous ne parlons que de l'Autriche, *digne alliée de la Turquie.*

Qui ne connaît le nom de ce grand citoyen[1]
Qui d'une noble lutte est le puissant soutien?
La cause de la Grèce est si juste et si belle,
Que de la terre entière elle enflamme le zèle.
Honneur à ces guerriers qui, sous ses étendards,
D'une guerre aussi sainte affrontent les hasards.
Brûlant de l'affranchir, de venger ses outrages,
Ils sont tous accourus des plus lointains rivages;
Le Russe et le Français, le Belge, le Germain,
S'y trouvent confondus avec l'Américain.

Nous vîmes cet Anglais, digne amant de la gloire,
Aux étendards des Grecs enchaîner la victoire;
De la fière Albion et l'honneur et l'orgueil,
Ce poète, en mourant, plongea la Grèce en deuil.
Lord Byron est tombé; mais Cochrane s'avance,
Et sur le front des Grecs se rasseoit l'espérance.

Mais quel est ce Français, vainqueur dans cent combats,
Qui, sous le Labarum, commande leurs soldats?
C'est l'illustre *Fabvier :* ses talents militaires
Remplissent de son nom nos annales guerrières.
Voyageur, je l'ai vu camper à Marathon;
Naguère dans Athène assis au Parthénon,
Défendant les tombeaux des dieux de l'ancien monde,

1 M. Eynard.

Il porta chez les Turcs une terreur profonde.
Se figurant le voir réveiller leurs états,
Son nom est devenu l'effroi des potentats:
Il brave leurs arrêts; ses mœurs républicaines
Combattent des tyrans les maximes hautaines.

Généreux citoyens, vos longs efforts vainqueurs
Verront bientôt des Grecs se finir les malheurs;
N'espérez plus revoir, dans la plaintive Athène,
Un pacha commander où tonnait Démosthène.
D'un peuple renaissant la jeune liberté
Portera votre nom à l'immortalité.
Il ira réjouir, dans la nuit éternelle,
Du grand Léonidas la phalange immortelle,
Consolera les Grecs au fond de leurs tombeaux,
Sans cesse combattra leurs féroces bourreaux,
Et beau d'honneur, paré du manteau de la gloire,
Il courra d'âge en âge au temple de mémoire.

PRÉFACE

DE L'AUTEUR.

On a vu et on voit encore, dans plusieurs états du continent européen et du continent de l'Amérique, de nouvelles théories, de nouvelles opinions modifier avec plus ou moins de succès le gouvernement et la civilisation de peuples divers. Chez plusieurs, on voit encore la divergence d'opinions et de conduite, produite chez les individus par l'attachement à leurs principes politiques, ou par les calculs de leurs intérêts personnels, diviser la presque généralité en deux corps ou en deux classes assez opposées, qui luttent l'une contre l'autre avec une persévérance qui dégénère quelquefois en acharnement, et, comme aujourd'hui en Portugal, montre le champ de bataille à côté de la tribune, et oppose la baïonnette à la parole.

Mais tandis que ces préoccupations intestines absorbent presque tous les intérêts et toutes les facultés de la plupart des peuples divers de l'Europe et de l'Amérique, et les divisent, il s'est élevé tout-à-coup dans ces belles contrées qui séparent immédiatement l'Europe de l'Asie, dans cette Grèce à qui l'Europe doit sa civilisation, ses arts, et jusqu'à son esprit, il s'est élevé, dis-je, le drapeau d'une insurrection générale contre l'oppression la plus féroce. A la vue de ce drapeau, les opinions opposées dans l'intérieur des divers états ne se sont point éteintes, n'ont pas fait la paix entre elles; mais dans les deux partis, tous les esprits un peu distingués, tous les cœurs un peu généreux se sont ralliés pour concourir par leurs vœux, leurs secours et leurs efforts au succès de la cause des Grecs. La politique des gouvernements, leur jalousie, et leur rivalité mutuelle, les avaient empêchés jusqu'à présent de s'entendre et de se concerter pour la faire triompher; mais il était permis de croire qu'il n'existait pas un homme qui ne fût intérieurement animé du désir noble et ardent de voir enfin sortir de l'esclavage le plus ancien, le plus fameux, et le plus aimable des peuples de l'Europe.

Je l'avouerai, du moins quant à moi, ce fut ce sentiment qui, au sortir du collége, à l'âge de vingt ans, me fit partir pour la Grèce. Son sort est sur le point d'être décidé, son drame sanguinaire est aujourd'hui près d'arriver à son dénoûment; et à cet égard j'ai pensé qu'il ne serait pas sans intérêt pour ceux qui l'attendent, de connaître le détail des scènes que j'ai vues pendant la sixième campagne, au moment où, après l'espèce d'entr'acte, pendant l'hiver qui vient de s'écouler, la septième campagne s'est ouverte sous de si malheureux auspices, devant les murs de cette antique cité qui fut la mère des sciences et des lois, de cette Athènes tant de fois prise, reprise et saccagée, et qui vient encore d'avoir la douleur d'être témoin de ces événements tragiques et de ces scènes sanglantes qui stimulent aujourd'hui de toutes parts l'intérêt et la générosité en faveur d'une poignée d'hommes indomptables.

CAMPAGNE

D'UN

JEUNE FRANÇAIS

En Grèce.

CHAPITRE PREMIER.

Avide de connaître les événements dont l'Orient est le théâtre, et plus encore de combattre pour la liberté sous l'étendard de la croix, j'allai en Grèce visiter la patrie de Miltiade et d'Aristide. Une curiosité dévorante, que j'allais rassasier de merveilles, me poussait depuis long-temps vers ces belles contrées enchantées par la fable, consacrées par l'histoire, et dont les ruines sont si imposantes. L'éducation que je venais de recevoir dans les colléges, tournée tout entière vers les cités de la Grèce et de l'ancienne Rome, des républiques et de la liberté, m'excitait et m'emflammait à me vouer à la défense de la plus noble des causes, et à voler dans ces régions célèbres que tant de fois sur les bancs des écoles j'avais *parcourues par la pensée.*

Les jours de mon adolescence s'écoulaient, je terminais mon cours d'humanités, et j'avais lu avec quelque succès les classiques grecs et latins que l'on met entre les mains de la jeunesse. Naturellement fier et d'un caractère décidé, je me sentais né pour une sage indépendance, et tous les auteurs que j'avais lus n'avaient fait qu'enflammer mes désirs et échauffer mon imagination.

Je jouissais de cet âge heureux où nous épuisons sans le savoir des douceurs qui s'envolent, où l'homme ne se nourrit que d'espérance et bannit toute inquiétude. Sans être sorti encore de ma petite cité, je voyais que l'intrigue et l'argent étaient les seules voies pour aller à tout dans ce siècle dédaigneux où la vertu et le mérite ne sont plus que des qualités roturières.

Amant de l'étude et de la réflexion, j'écoutais avec avidité les récits des exploits glorieux des Grecs, et leurs efforts généreux pour remonter au rang des nations. Mon cœur et mon imagination étaient remplis de leurs brillants faits d'armes. Comme élève de rhétorique, j'avais, selon l'usage, composé un discours qui devait être lu à une distribution publique des prix. En y rappelant les exploits des anciens Grecs, nos maîtres à tant d'égards, j'avais trouvé fort à propos d'y parler aussi du courage héroïque que déploient aujourd'hui leurs généreux descendants. J'avais, pour prononcer mon discours, l'assentiment de mes maîtres, leur approbation et celle de l'autorité supérieure, et je fus trompé dans mes espérances. L'indignation s'empara de mon jeune cœur; je plaidai la noble cause des Grecs en présence d'un public nombreux et de mes jeunes condisciples, et résolus dès-lors d'aller me ranger sous leurs drapeaux, et de combattre pour leur indépendance, et un enthousiasme de collége devint ainsi l'indignation d'un honnête homme. Mais par un de ces coups inattendus, un trépas prématuré vint m'enlever un père, mon unique soutien et celui d'une nombreuse famille. Retenu alors par les liens de la nécessité, et ne pouvant plus porter mes espérances au-delà de mon horizon, je voyais avec peine mon zèle arrêté, sans cependant s'éteindre.

Mais bientôt mon ame fut consolée; j'appris dans ma solitude et mon abandon que des hommes généreux, revêtus des premières dignités de l'état, embrassaient avec ardeur la sainte cause des Grecs; que ces vrais philanthropes, ces amis éclairés de l'humanité, des lumières et des lois, pourraient accueillir mes vœux et seconder mes desseins.

Je m'adressai à M. le duc de Choiseul, dont les bienfaits sont si abondants et le souvenir si cher dans nos contrées, et je dus à sa munificence le plaisir de pouvoir aller combattre pour la liberté grecque, et de satisfaire enfin la plus ardente passion de ma jeunesse. Je n'ai pas besoin de faire connaître les sacrifices généreux et le dévouement de ce noble duc pour la cause sacrée des Hellènes, dès l'aurore de la lutte sainte de la liberté contre l'oppression, de la civilisation contre la barbarie, du christianisme contre l'islamisme; les cent voix de la renommée ont proclamé dans l'Europe entière les dons abondants des honorables philhellènes. Tout récemment encore n'a-t-on pas entendu la voix éloquente de ce courageux défenseur des libertés publiques, qui a retenti jusqu'à nous, voyageurs encore aux terres de la Grèce [1], plaider devant le premier corps politique de l'Europe le salut de tout un peuple impitoyablement abandonné par tous les gouvernements à la férocité musulmane?

Impatient de traverser la Méditerranée, et de me ranger parmi les bandes belliqueuses des Colocotroni et des Nicétas, comblé des dons de M. le duc de Choiseul, je m'empressai de quitter Paris pour me rendre à Marseille.

Je m'embarquai dans cette ville le 21 janvier 1826, sur *la Nouvelle Adeline*, bâtiment de commerce nolisé par le comité grec de Paris. Je faisais partie d'une seconde expédition que, dans son zèle infatigable, envoyait en Grèce cette société philanthropique. Hormis l'équipage, nous étions vingt-quatre passagers, dont dix officiers et quatre sous-

1 Discours de M. le duc de Choiseul à la Chambre des Pairs, dans les premiers jours de juillet 1826; nous avons lu ce discours à Napoli de Romanie, dans les journaux de France, qui pénètrent dans tous les coins du monde.

officiers français; le reste, officiers piémontais, allemands, polonais, espagnols, et M. Alméda, colonel portugais. Parmi ces braves on remarquait le capitaine Justin de Rouen, qui pour la seconde fois allait reparaître sur les champs de bataille de la Grèce, brûlant de venger la mort d'un illustre philhellène, du colonel *Baleste*, son ami, tué près de lui, en Crète, dans les combats.

La cause de la régénération de la Grèce est si juste et si belle, qu'elle inspirait les mêmes sentiments de générosité à ces vaillants guerriers qui, des rives du Tage et du Borysthène, de la Seine et du Danube, de l'Èbre et de la Vistule, accouraient dans l'opulente cité de Marseille, pleins du noble désir d'aller se mesurer contre les ennemis des chrétiens, et de renouveler en Orient les glorieux exploits de notre antique chevalerie. Avides de gloire, dévorés de la soif des combats, ils quittaient avec joie pour la vie des camps le séjour passif des garnisons, et dédaignant de végéter dans les régiments des rois de l'Europe, préféraient aller combattre pour l'indépendance de la Grèce.

Nous apportions en présent aux Hellènes mille fusils français, autant de vêtements militaires. Un autre navire, qui un mois après nous devait mettre à la voile, chargeait des armements et des habillements pour équiper quatre mille hommes.

Notre expédition était sous la conduite de M. Piscatory, qui récemment était de retour de la Hellade, d'où il avait ramené, pour le déposer sur le sol hospitalier de la France, le jeune enfant du plus vaillant homme de mer de notre siècle, de Constantin Canaris d'Ipsara. Cet honnête jeune homme, de la ville de Paris, jaloux de prendre part à l'affranchissement d'un peuple dont les ancêtres ont civilisé la terre, faisait un digne usage de sa fortune, s'arrachait de nouveau aux douceurs de la maison paternelle, impatient de revoir les mers du Levant et de reparaître sur le théâtre sanglant de la Grèce.

Dans la matinée du 21 janvier, *la Nouvelle Adeline* appareilla par un vent favorable, et nous fit bientôt sortir du port fréquenté de cent nations commerçantes. Insensiblement nous perdîmes de vue les côtes de la Provence, et les derniers sommets de la patrie disparurent à l'horizon lointain.

C'est alors que j'éprouvai de bien vives émotions, que je sentis battre fortement mon cœur au doux souvenir de la terre natale que j'allais quitter peut-être pour jamais. Mais à la pensée que j'allais fouler dans peu de jours le sol qui vit naître les héros et les dieux de l'ancien monde, j'adressai joyeusement mes adieux à la patrie. J'éprouvais un plaisir extrême, une ivresse continuelle à m'avancer sur cette mer parsemée d'îles, dont les tableaux variés offrent une source de jouissances toujours nouvelles pour le navigateur. Les savants ouvrages d'Homère, de Barthélemy, de Pouqueville à la main, j'étais à la veille de parcourir cette terre classique, si riche de souvenirs. Ce n'était plus à travers le prisme de l'illusion que j'allais cont plér ces belles régions où chaque monument, chaque pas, chaque débris transportent à trois mille années de distance l'imagination du voyageur. Malgré les ravages de la guerre et le cimeterre des Barbares, j'espérais, tout en servant la cause des Hellènes, avoir l'occasion de pouvoir encore déchiffrer quelques inscriptions, de remuer des débris, d'interroger des ruines.

Le 22 au soir nous découvrîmes les côtes de la Sardaigne, nous côtoyâmes ses rivages pendant la journée du 23, et le 24, au lever brillant de l'aurore, les riantes campagnes de la Sicile s'offrirent à notre vue. Déja j'apercevais Marsala, l'ancienne Lilybée d'où les Grecs et les Romains voyaient sortir de Carthage ces flottes si fameuses. La *villa* riante de *Motia*, les champs en fleurs de Mazzara venaient plus loin frapper mes regards; et mon imagination, se promenant sur cette côte enchanteresse, rêvait les aspects de Sélinonte, de ses temples, de ses pompeux édifices, de ses colonnes encore debout, ressemblant à des tours, et plus loin l'hospitalière Agrigente. De riches forêts d'oliviers et d'orangers, ombrageant au loin le penchant des collines, un grand nombre de villes et une multitude de villages où semblaient respirer l'aisance et l'allégresse, assis agréablement dans de fraîches vallées, au bord de la plus belle mer qui soit au monde, déroulaient devant nous des tableaux ravissants. Les sommets rougeâtres et fumants de l'Etna, que nous découvrions de trente lieues de distance, dominaient au loin ces campagnes et couronnaient cette scène imposante. Ces détails, trop fastidieux peut-être, pourraient paraître dignes d'intérêt, si nous n'avancions vers cette Grèce, théâtre de si grands événements.

Le 26, la mer devint houleuse, et nous fûmes arrêtés par les vents d'est les plus violents. Sans cesse poussés vers la côte d'Afrique, nous fûmes obligés de louvoyer dans les parages de Malte pendant six journées entières. Nous nous décidâmes enfin à relâcher dans cette île; et le 2 février, vers les trois heures après midi, nous mouillâmes dans le port vaste et profond de la cité Lavalette. Timides Argonautes qui presque tous naviguions pour la première fois, nous étions fatigués déja de quelques jours de tourmente, et maudissions l'élément trompeur. Mais dans notre agréable séjour à Malte, nous devions trouver un dédommagement bien doux à nos souffrances légères. Quelle joie fut la nôtre, lorsque abordant le rivage, nous reposâmes notre vue sur des prairies émaillées de fleurs, sur des moissons naissantes, et sur de verdoyantes forêts! Sous le beau ciel de Malte, au cœur de l'hiver, nous jouissions d'un nouveau printemps, et d'un spectacle si tardif et si rapide à la fois pour nos trop rigoureux climats, d'une riante verdure et du doux ombrage des citronniers et des orangers.

Malte nous offrait sans cesse de nouvelles jouissances : notre curiosité s'alimentait chaque jour de merveilles. Nous admirions ces fortifications étonnantes, où la nature et l'art ont réuni tous leurs efforts pour rendre inexpugnable ce rocher contre lequel est venue se briser tant de fois la puissance ottomane. Nous entrions avec un saint respect dans ces riches églises si pompeusement ornées, et où le culte est si majestueux et si florissant. La magnifique cathédrale Saint-Jean et celle non moins admirable de la Citta-Vecchia, dont nos pas osaient à peine fouler la riche mosaïque, nous étalaient le luxe religieux dans toute sa profusion, faisaient briller à nos yeux l'or et l'argent, et nous montraient de tous côtés de rares peintures à fresque, et les superbes statues des illustres chevaliers de Malte. Nous nous plaisions à voir accourir un peuple immense aux églises, au bruit harmonieux des cloches argentines, qui pendant une partie du jour retentissaient au loin sur les flots, comme pour appeler dans le port le navigateur battu par la tempête.

Mais si la religion est florissante sous le ciel fortuné de Malte, nous remarquâmes que les passions des insulaires y étaient aussi ardentes que le climat. Nous en fûmes témoins dans ces jours de désordre qui nous retracent les bacchanales d'Athènes et les saturnales de l'ancienne Rome. Nous vîmes les Maltais célébrer les orgies du carnaval ; mais avec une passion effrénée, une force et une énergie inconnues dans nos contrées.

Après une relâche fort agréable de quinze jours dans l'île de Malte, où le joug pesant des Anglais fait toujours regretter la domination paternelle de la France, graces à un vent favorable, nous mîmes à la voile. Nous étions à peine en pleine mer, lorsque nous aperçûmes venir à nous deux yoles élégantes, conduites par huit rameurs vigoureux. Nous mîmes aussitôt en panne pour les attendre. Forçant de rames, elles parvinrent bientôt à notre bord, nous amenant les deux fils de l'amiral *Miaulis* qui revenaient de la Grande-Bretagne, où l'aîné, capitaine de vaisseau, avait été envoyé en mission. Nous les reçûmes parmi nous avec plaisir, et, toutes voiles dehors, continuâmes notre route.

Le vent devait bientôt nous retirer ses faveurs, et l'élément perfide commençait à se conjurer contre nous à l'entrée de cette mer Adriatique, qui toujours recèle dans son sein des tempêtes, *parages orageux*, le dit si justement *Horace*. Le vent redoublant de violence, il nous fallut ne plus garder qu'une seule voile, qui nous faisait encore filer dix nœuds à l'heure. La plupart, tourmentés par le mal de mer, nous éprouvions un malaise pénible; le plus désagréable roulis nous jetait sans cesse de l'un à l'autre bord; et la mer furieuse, soulevée jusque dans ses plus profonds abîmes, s'élevait, comme pour nous engloutir, en forme de hautes montagnes, et retombait en lames mugissantes sur le pont du navire. Cette affreuse captivité sur les flots dura pendant trois jours entiers;

nous découvrîmes enfin les plaines d'Olympie, et après sept jours de traversée de Malte à Zante, le 22 février, à l'entrée de la nuit, quittant une mer violemment agitée, nous jetâmes l'ancre dans la magnifique rade de cette ville. Nous touchions à Zante, pour prendre connaissance de la situation des choses; ses habitants, si pleins d'intérêt pour leurs frères, nous firent le plus parfait accueil, et nous donnèrent des renseignements positifs. Je n'oublierai pas de payer un tribut de reconnaissance à la conduite généreusement hospitalière et au zèle ardent pour la cause des Hellènes de M. Fould, Français, de Metz en Lorraine, et de M. le comte Mercati, de Florence.

Nous n'étions qu'à dix-huit lieues de distance de l'héroïque place de Missolonghi, dont le canon, entendu à de courts intervalles, était au loin répété sur la mer Ionienne par les échos nombreux des bois et des montagnes. M. Piscatory, à la nouvelle que cette place était vivement assiégée et qu'elle manquait de vivres et d'argent, envoya sur-le-champ, au nom de l'expédition qu'il commandait, une somme de dix-huit cents francs.

Peu de jours après, nous nous préparâmes à quitter la riche Zacinthe, *la fleur du Levant.* C'est avec regret que le navigateur s'éloigne de ce jardin de délices, de ces champs toujours en fleurs, et de ces superbes forêts d'oliviers et d'orangers. Que le séjour de Zante nous eût paru enchanteur, si le joug odieux de l'Angleterre ne s'y appesantissait pas dans toute sa force! Les septinsulaires regrettent encore notre gouvernement doux et paternel, sous lequel ils coulaient des jours pleins d'aisance et de félicité. Peut-être pour briser aussi leurs chaînes n'attendent-ils que le triomphe de leurs compatriotes qui combattent non loin d'eux. Le buste du bourreau des chrétiens d'Orient, d'un ennemi de l'humanité, du barbare turcophile qui vendit Parga, ses femmes, ses enfants, ses maisons, pour cinq cent mille livres sterling, du cruel Thomas Maitland, dont la laideur physique est si bien en harmonie avec la laideur morale, semble n'avoir été placé sur la grande place de Zante que pour y entretenir l'indignation publique.

Après dix jours de relâche, dont nous profitâmes pour faire des provisions et de l'eau, nous appareillâmes de Zante le 4 mars. Un vent des plus favorables enflait pleinement nos voiles. Nous eûmes bientôt quitté la mer Ionienne pour la mer Égée, doublé le cap Matapan, autrefois le Ténare, et aperçu ces rochers qui s'offrent à l'imagination peuplés de dieux et de héros; et l'antique résidence de Vénus, la fameuse Cythère, aujourd'hui *Cerigo*, déja s'élevait devant nous du sein des flots.

Nous voguions en silence, quand tout-à-coup un vent d'est nous obligea de paravirer et de fuir ces parages semés d'écueils et si féconds en naufrages. Trois fois nous dépassons le Ténare, trois fois nous tentons de doubler la pointe de l'île de Vénus pour atteindre le cap Saint-Ange, et de là nous enfoncer dans le golfe d'Argos. Toujours il nous faut virer de bord. Pour franchir quatre-vingts lieues de distance, nous étions à la mer depuis douze jours par un temps affreux. Nos provisions étaient épuisées, nous étions réduits à n'avoir plus que du biscuit et de l'eau corrompue. Pour comble d'infortune, au milieu d'une nuit profonde, ayant eu l'imprudence de ne point mettre notre fanal, nous faillîmes, à une toise près, heurter contre un bâtiment qui venait sur nous chassé par un vent violent; et lancés comme ils l'étaient, si les deux navires se fussent touchés, ils se brisaient comme deux œufs. Certes notre position n'était pas riante; depuis trois jours je n'étais pas sorti de mon hamac, tant la mer était horrible, et toute ma vie je me rappellerai la journée du 12 mars. Nous commencions à croire aux dix années de navigation qu'Ulysse employa dans ces parages pour revoir sa chère Ithaque, lorsque après avoir bien louvoyé, le vent si désiré se jeta enfin dans nos voiles et nous fit doubler rapidement le cap Saint-Ange. Nous traversâmes un convoi de vingt-deux bâtiments de commerce qui se rendaient à Smyrne, sous escorte autrichienne, et dès-lors nous fûmes emportés violemment dans le golfe d'Argos. Nous dépassâmes, la nuit, les hauteurs du Taygète, et le lendemain, aux premiers feux de l'aurore, les riantes campagnes de l'Argolide s'offrirent à notre vue, et nous saluâmes avec un saint respect la terre natale d'Hercule et d'Agamemnon.

Sortis de Marseille le 21 janvier, après cinquante-trois jours d'une traversée inquiète et pénible, nous nous trouvions enfin à la vue de la ville du roi des rois, de Tirynthe, de Mycènes et de Napoli de Romanie, lieu de notre destination, où nous mouillâmes le 18 mars dans la matinée.

M. Piscatory, chef de l'expédition, fit mettre aussitôt le canot à la mer, et s'empressa d'aller nous annoncer au gouvernement provisoire de la Grèce et au général *Roche*, envoyé du comité de Paris. Un coup de canon salua notre arrivée. Nous débarquâmes tous dans l'après-midi, au milieu d'une foule avide de nous voir, qui nous attendait sur le quai. A mesure que nous avancions, il nous fallait percer une population nombreuse qui se pressait dans les rues. De nombreux postes établis de toutes parts se rangeaient à notre passage sous les armes, et rendaient à MM. les officiers les honneurs militaires. Arrivés sur l'Agora, il nous fallut traverser un grand concours de peuple d'où s'échappait un bourdonnement sourd et continuel. Au moment où je perçais la foule avec un officier français, nous fûmes soudain interpellés par un homme d'une taille médiocre, revêtu d'un kuban grossier, et couvert, pour ainsi dire, des lambeaux de l'indigence. Cet homme était Constantin Canaris d'Ipsara, qui venait nous demander des nouvellès de son jeune fils qui se trouve à Paris. Comme j'avais vu ce jeune enfant avant mon départ de la capitale, j'eus le plaisir de satisfaire ce brave marin. Cet homme, simple, qui a rempli l'Europe du bruit de son nom, était loin d'annoncer par son extérieur pauvre et misérable le vainqueur de deux amiraux ennemis à *Ténédos* et à *Scio*. Après avoir passé par quantité de rues étroites et tortueuses, nous arrivâmes chez M. le général Roche, qui nous conduisit aussitôt à l'Hôtel du Gouvernement, où les ministres nous attendaient.

Leurs excellences nous accueillirent avec une touchante bienveillance, et nous témoignèrent le plus vif intérêt. M. le général Roche, comme chargé d'affaires du comité grec de Paris, présenta l'expédition au nom de cette société philanthropique. M. Piscatory, prenant à son tour la parole, détailla au gouvernement les secours que nous apportions en présent à la Grèce, et témoigna le zèle ardent qui nous arrachait aux douceurs de la patrie pour venir aider une nation malheureuse à briser ses chaînes.

Son excellence le prince Mavrocordato répétait en grec les paroles françaises à ceux de ses collègues qui ne comprenaient pas notre langue. Dans cet intervalle, on nous annonça le ministre de la guerre: quelle fut notre surprise de voir un homme revêtu d'une pelisse grossière de peau de mouton, couvert des haillons de la misère, mais d'un regard brillant de feu et d'audace, d'un visage martial, et portant une ceinture garnie de pistolets et de poignards, aller fièrement prendre place au banc des ministres!

Mais ce ministre, qui, au lieu d'habits chamarrés d'or, était simplement vêtu d'une peau de mouton, était un guerrier de Souli; c'était Adam Ducas, la terreur des Osmanlis, et qui avait fait preuve de sa brillante valeur dans cent combats.

C'était un spectacle bien touchant que de voir les ministres indigents de la Grèce, cette antique mère des sciences et des lois, assis sur un misérable banc en bois et tout délabré, dans la chambre étroite d'une vieille masure, dont à chaque instant la toiture menaçait ruine; partageant les travaux de la nation, n'ayant comme elle, pour subsister, que du pain d'orge ou de maïs et l'eau des sources. A la vue de ces hommes d'état vénérables, je me représentais ces vertueux sénateurs de l'ancienne Rome, ces *Cincinnatus*, ces *Dentatus*, et ces *Fabius*, dont le désintéressement était si pur, la pauvreté si noble, et qui, dans leur zèle infatigable pour la patrie, passaient tour-à-tour de la charrue au sénat, et de là sur les champs de bataille.

Le gouvernement s'étant empressé de pourvoir à nos besoins, et nous ayant assigné des logements, nous nous mîmes à l'instant à la recherche de nos hôtes. Je fus logé dans une maison où je reçus l'hospitalité la plus touchante, comme en général dans toutes les maisons grecques. Je me trouvais chez une famille de Navarins, réfugiée à Napoli de Romanie depuis la prise de cette première ville. Le père avait été tué à la défense de la place, et il ne restait plus que la mère, trois filles, et deux fils qui guerroyaient parmi les vieilles bandes de Colocotroni.

Cette intéressante famille me prodigua la bienveillance la plus marquante. A mon arrivée, on s'empressa de laver mon linge, de réparer mes effets; puis on me fit asseoir autour d'une table servie, non pas avec délicatesse, mais du moins avec abondance. Nous prîmes tous ensemble le repas du soir. Ces jeunes filles ingénues, de vingt à vingt-cinq ans, dont l'éclatante chevelure noire flottait en tresses sur leurs épaules, me rappelaient les naïves beautés d'Homère; assises en face de moi, ces vierges aux beaux yeux, aussi modestes que belles, baissaient la vue devant leur nouveau convive, dès que ses regards se promenaient sur elles.

Cette famille généreuse paraissait avoir beaucoup souffert. La mère me faisait entendre, durant le repas, que, chassées de leurs foyers, elles avaient été long-temps errantes dans les montagnes, ne mangeant que des racines et des herbages. Mais elles paraissaient toutes avoir oublié leurs souffrances, en songeant qu'elles étaient parvenues à sauver leur pudeur de la violence musulmane. Un fils de cette maison, capitaine dans les troupes de Colocotroni, après avoir trouvé sa mère et ses sœurs dans les montagnes du Péloponèse, les conduisit à Napoli de Romanie, où il ne songea qu'à essuyer leurs larmes et à leur assurer une existence. Après avoir passé trois jours au milieu de cette famille hospitalière, j'en pris congé avec regret et me rendis près du général Roche.

Pendant ce temps, était arrivé le brick l'*Heureux Retour*, amenant aux terres de la Hellade une troisième expédition, commandée par M. le capitaine Gérard, neveu de l'illustre général qui peupla de si brillants souvenirs l'histoire de nos armes.

Quatre mille fusils, autant de vêtements militaires, une pharmacie, que son altesse royale le duc d'Orléans, plein d'une généreuse pitié pour l'humanité, envoyait dans la patrie d'Esculape, composaient la cargaison du navire. Ainsi, avec les armes que nous avions apportées, et six mille gibernes et autant de schakots, dont cent d'officiers, plus, cent épées et cent sabres de cavalerie qu'un brick anglais avait débarqués le 27 février dernier, on pouvait organiser en bataillons six mille hommes.

MM. les officiers de la troisième expédition s'étant réunis à ceux de la seconde, ils partirent aussitôt au nombre de vingt-six pour Athènes, où se formaient les troupes régulières, en s'y rendant les uns par mer, les autres par la route des montagnes en passant par Épidaure.

CHAPITRE II.

Je veux essayer, dans ma narration, de donner principalement le tableau de la Grèce en 1826, et de rapporter successivement les événements auxquels je pris part durant le cours de la sixième campagne, ceux dont je fus le témoin, ou que j'appris de la bouche des principaux acteurs.

Lorsqu'au commencement de 1826 j'abordai les rivages de la Grèce, sa situation était bien passive. Le courage malheureux de ce peuple venait d'essuyer de nombreux revers devant des forces intarissables. Il s'en fallait de beaucoup que la révolution fût aussi avancée que la première ou la deuxième et troisième année de l'insurrection, et cependant la sixième s'ouvrait, et, par une fatalité déplorable, par la chute de Missolonghi. Tant de revers n'étaient survenus que depuis la terrible invasion du farouche Ibrahim, qui, à la tête de ses nombreux Arabes, mettait tout à feu et à sang dans le Péloponèse. Néanmoins le moral des Hellènes était excellent, l'enthousiasme ne s'était pas ralenti; et, à voir tout un peuple en armes qui couvrait les campagnes de la Grèce, il était impossible de croire que cette nation ne sortît pas victorieuse de sa lutte sanglante.

A son arrivée à Napoli de Romanie, le voyageur peut se représenter toute la Grèce. Quoique saccagée de toutes parts, cette ville misérable semble être la seule encore debout dans ces contrées malheureuses. Siége du gouvernement de la Hellade, et transformée en un vaste arsenal, elle présente à l'observateur militaire le tableau le plus instructif et le plus intéressant: une population de quarante mille habitans tout entière en armes; de nombreux bataillons s'organisant de toutes parts, une nation belliqueuse s'occupant de fabrication de fusils, d'yatagans, de sabres et d'armes de toute espèce, voilà ce qui s'offre aux regards du voyageur. De tous côtés, les Hellènes aiguisent en silence les poignards contre la tyrannie, aux lieux où tant de fois ils ont été aiguisés par leurs dignes ancêtres. A Napoli de Romanie, tout est en armes, jusques à l'enfance et au clergé. Les évêques, empressés de faire servir la religion au bien de l'état, portent tour-à-tour le casque et la mitre, prêtent leurs lumières à l'administration publique; témoin cet éloquent archevêque de Patras, Germanos, dont le savoir et la vaillance ont si bien répondu à la piété fervente. Les popes et les archimandrites, marchant sur les traces de ces dignes prélats, quittent à l'envi la soutane pour la cuirasse, l'église pour les camps, et se montrent aussi braves et intrépides dans les combats qu'humbles et pieux au pied des autels. Ils sont les amis, les soutiens et les consolateurs de leurs concitoyens; ils ne séparent point leur sort de celui de l'État; ils ne songent point à acquérir des trésors pour vivre dans l'opulence et l'oisiveté, tandis que leurs malheureux compatriotes vivraient au sein des privations et de la misère pour assurer leur indépendance. Ils croiraient déshonorer leur noble caractère de ministres, s'ils se montraient insouciants aux calamités publiques; et loin de diviser les esprits par des intrigues et des factions, ils font tous leurs efforts pour les réunir, afin de vaincre l'ennemi commun et de chanter en paix les louanges de l'Éternel.

Les nombreuses bandes des Colocotroni, des Nicétas et des Mavromichalis, qui se succèdent sans cesse à Napoli de Romanie, y répandent un mouvement continuel. Là on jouit du spectacle le plus intéressant et le plus varié. On y voit des représentants de toutes les nations du monde, tant la cause des Grecs intéresse toutes les ames grandes et généreuses; l'aspect des costumes, des mœurs, des usages, et tant de modernes idiomes, tout vous frappe et vous étonne. Ici ce sont des prisonniers arabes, avec leurs vêtements africains, employés aux travaux de la ville; des Négresses esclaves à côté des femmes charmantes de la Grèce, dignes des beautés antiques; là des Philhellènes de toutes les contrées, Français, Allemands, Anglais, Russes, Polonais, Italiens, mêlés parmi la foule des Hellènes rassemblés dans l'Agora de Napoli de Romanie.

Cette ville, autrefois Nauplie, n'a pas changé de position. Elle est bâtie sur une espèce d'isthme, entre la mer et le rocher formidable qui est la citadelle qu'on nomme Palamide. Cette citadelle, une des plus fortes de l'Orient, semble avoir été destinée par sa nature à être une place imprenable. C'est un rocher à pic, à perte de vue, dominant au loin l'Argolide et son golfe, et dont il a fallu, pour atteindre le sommet, tailler un sentier dans le roc.

On ne peut arriver à Napoli de Romanie que par un chemin fort étroit et en passant sous le canon de la citadelle. Cette place, dont les remparts sont hérissés d'artillerie, possède quatre cents bouches à feu, dont trois cents sont toujours prêtes à vomir la mort sur les assiégeants. Un grand nombre de ces pièces sont de trente-six, et beaucoup de soixante-quatre. Une centaine ne sont pas en état, parce qu'elles manquent de boulets de calibre.

La nature a bien plus fortifié Napoli de Romanie que la main des hommes; mais maintenant elle est encore plus forte par le courage de ses habitants que par sa position naturelle, et, comme les enfants de Lacédémone, ils comptent plus encore sur leur valeur que sur la force de leurs remparts. Ses fortifications, qu'on doit aux Vénitiens, lorsque leur république florissante dominait en

Orient, ont un grand besoin d'être réparées. Il faudrait, d'après les calculs faits, une somme de deux cent mille francs au moins. L'œil contemple encore avec une sorte d'orgueil sur les flancs de ses murailles le lion de Saint-Marc, qui semble rugir sur ses antiques donjons, tant de fois témoins de l'humiliation du croissant.

Napoli de Romanie, qui voit tous les jours arriver dans ses murs une multitude de familles que chasse partout sur son passage un ennemi farouche, renferme une population bien au-delà de ses constructions. Il y a des maisons ordinaires qui ont trois étages, où se trouvent entassées soixante et même cent personnes. Celle où je demeurais, ainsi que M. le général Roche, en renfermait soixante et seize. Les deux tiers de ces malheureux sont encore sans asile, et ne savent où reposer leurs pénates errants. Ils s'établissent jusque sous les degrés, dans les caves, dans les écuries; la plupart manquent de pain, n'ayant qu'une nourriture chétive, sont étendus sur la terre humide, rongés par les insectes et la vermine, malades, souffrants et prêts à rendre le dernier soupir. Les cris douloureux des enfants déchirent le cœur des mères, qui n'ont que la terre à leur offrir pour reposer, et leurs soupirs brûlants pour les réchauffer pendant la fraîcheur des nuits. Dans cette ville, généralement malsaine, soit à cause des marais qui l'environnent, ou des précautions sanitaires qu'on néglige d'y prendre, beaucoup d'entre eux sont encore victimes de cette terrible maladie qu'on appelle *typhus*, et qui, en 1825, moissonna, pendant plusieurs mois, jusques à quatre-vingts et cent personnes par jour.

Dès qu'une famille arrive à Napoli de Romanie, elle se construit une baraque hors des murs, parce que l'intérieur en est rempli déja. Après avoir un peu creusé la terre, elle étend une natte de paille, courbe en cercles quelques branches d'oliviers, les recouvre de chaume et de gazon, et fixe là sa demeure. Quelquefois, dix, quinze personnes, hommes, femmes, enfants, sont entassés pêle-mêle dans une de ces misérables huttes, où pullule une vermine dévorante. Souvent je parcourais avec douleur ces chétives constructions. De quelque côté que je portasse mes pas, partout j'en trouvais jusqu'au nombre de cinquante et de cent même qui sont réunies en bourgades. Le nombre de ces refuges déplorables, où une population nombreuse traîne une existence souffrante, peut toujours s'élever à cinq cents.

Malgré cette désolante situation, le guerrier ne se décourage point; le cruel spectacle qui frappe ses regards, une épouse et ses enfants au sein de la détresse, ne font qu'enflammer son indignation; les filles et les femmes ne se répandent pas en plaintes, en gémissements : tous préfèrent une mort glorieuse à la tyrannie sous laquelle ils gémissaient.

Ah! c'est un spectacle bien douloureux pour

celui-là surtout qui arrive des belles villes de France, que de voir une multitude de femmes, d'enfants et de vieillards entassés dans ces baraques, et la plupart parquant, comme des troupeaux, dans les rues et dans les campagnes, n'ayant pour lit et pour tente que la terre et la voûte céleste; pour nourriture, que du pain d'orge ou de maïs, des olives et des herbages! Combien il serait à désirer que les rois très-chrétiens de l'Europe fussent transportés tout-à-coup au milieu de cette scène de désolation et de deuil! Ils se sentiraient émus, n'en doutons pas, à la vue de ces généreux chrétiens d'Orient qui, depuis six années, leur tendent les bras et ne cessent d'implorer au nom de l'humanité leur difficile protection. Ils le seraient au spectacle déchirant de tout un peuple qui arrose de ses larmes ses moissons réduites en cendres, ses maisons incendiées, ses temples abattus et profanés. Ils le seraient, en contemplant les horribles violences du musulman farouche, les enfants arrachés des bras de leurs parents; les vierges outragées, les mères de famille exposées à la licence des vainqueurs! Car, il n'est cœur si dur, dont ces scènes sanglantes ne puissent percer la cuirasse.

En parcourant les rues de Napoli de Romanie, le plus frappant contraste venait sans cesse assiéger mon esprit; c'était celui du luxe à son comble que je venais de voir à Paris, et de la misère à mesure égale dont j'étais ici le témoin. Naguère encore je me trouvais, le jour même de la fête de son roi, dans cette superbe capitale de la France, où un peuple vif et sensible est sans cesse invité à créer et à jouir, où affluent les richesses du monde. Sorti, pour la première fois, des agrestes montagnes des Vosges, ma terre natale, je ne pouvais me lasser d'admirer ces magnifiques palais, ces somptueux édifices, ces maisons élégantes, cette nation richement vêtue, ces chars brillants, conduits par des coursiers à la crinière flottante, ce mouvement continuel et varié, cette espèce de fête éblouissante qui tous les jours se renouvelle dans ce merveilleux Paris, placé sur les bords enchanteurs de la Seine, dans une plaine charmante que couronnent de légers sommets et de pompeux édifices, où dans huit cents rues sont épars près d'un million d'hommes.

A Napoli de Romanie, au contraire, quel autre tableau je rencontrais! quel prodigieux changement de scène! Ici tout annonçait que pendant quatre cents ans avait régné sur cette terre le despotisme le plus féroce et l'esclavage le plus abrutissant. Partout mes yeux ne se reposaient que sur des cabanes, de misérables huttes grossièrement étagées. J'errais dans des rues sales, étroites, impraticables, où circulait une multitude couverte des haillons de la misère, et des lambeaux de la plus affreuse indigence. Je n'entendais plus le bruit de ces voitures, le fracas de cette fête continuelle qui m'avait frappé dans Lutèce. Je n'apercevais plus cette foule brillante, répandue sur les quais, sur les boulevards et dans les jardins pompeux de la magique capitale. Un triste et lugubre silence régnait dans Nauplie, où accouraient les débris sanglants de la population du Péloponèse. On n'entendait de temps à autre que les voix des hommes et leurs pas sourds sur la terre, à cause de leurs sandales. C'était ce silence perpétuel des villes d'Orient, qu'a si bien peint dans son itinéraire à Jérusalem, un voyageur célèbre, lors de son séjour à Constantinople.

Partout ici régnait la misère la plus profonde, et cependant je me trouvais sous la voûte du plus beau ciel qui fût au monde, dans l'antique Nauplie, en vue d'Argos, de Mycènes, de Tirynthe, cités autrefois si opulentes. Hélas! que manquait-il à ces campagnes pour se couvrir de riches moissons? une culture légère; à cette mer, partout navigable, pour se cacher sous de nombreux vaisseaux? le commerce; à ce peuple, pour avoir des maisons propres, élégantes, pour être bien vêtu, et atteindre au luxe de nos villes? la liberté, la paix, le règne des lois, source féconde d'où jailliraient bientôt le travail, l'esprit inventeur, manufacturier, l'industrie, la prospérité et la richesse leurs inséparables compagnes?

Le gouvernement provisoire de la Grèce, lors de notre arrivée, touchait au terme de son administration. Une assemblée nationale devait se réunir à Argos ou à Mégare, pour établir un nouveau gouvernement. On décida plus tard que le congrès se réunirait à Piada, village qui remplace Épidaure. Les primats du Péloponèse désiraient ardemment un nouvel *ordre de choses*, et voulaient une administration nouvelle, afin d'en tenir en main les rênes.

On se plaignait beaucoup du gouvernement en vigueur ; dans l'Agora et les nombreux cafés de Napoli de Romanie, et dans tous les cercles, l'opinion publique lui attribuait la crise des affaires. Si Missolonghi était réduit aux abois, on accusait les gouvernants ; et la chute de ce boulevard de la Grèce occidentale retombait sur leur incapacité, ou plutôt sur leur négligence de ne l'avoir pas approvisionné. Cependant, à considérer l'état des choses, ce n'était pas tout-à-fait la faute de ceux qui conduisaient le timon des affaires. Souvent la caisse publique était dénuée d'argent ; et sans ce puissant mobile, sans ce nerf de la guerre, la machine était sans cesse arrêtée dans sa marche.

Plusieurs accusaient fort le prince Alexandre Mavrocordato : ils disaient hautement qu'il avait commis des dilapidations impunies ; mais toutes leurs paroles étaient vagues et n'avaient rien de fondé. D'autres prenaient la défense de ce ministre, et alléguaient, pour le justifier, son modeste état d'aisance. Cependant, cet illustre Grec du Phanar, voyant qu'on payait d'ingratitude ses nombreux services, remit son portefeuille quelques jours avant la réunion du congrès. Aujourd'hui simple citoyen, on a encore recours à ses lumières et à ses grandes connaissances politiques.

La situation de la Grèce alors n'était rien moins que passive. L'héroïque place de Missolonghi, faute de vivres, allait succomber. Dix mille Arabes, commandés par le farouche Ibrahim-Pacha, lui donnaient de fréquents assauts; elle n'avait à opposer que quatre mille défenseurs. Le général africain n'attendait que sa chute pour porter le fer et le feu dans tout le Péloponèse; mais, malheureusement pour la Grèce, ce n'était plus avec l'Arabe vagabond, mais avec l'Arabe discipliné, et par qui? par des Français que la France désavoue, et par quantité d'officiers des différentes nations de l'Europe, qui organisent à prix d'argent les hordes féroces du pacha de l'Égypte. Parmi ces hommes sans honneur, dont la plupart se sont faits Turcs, et ne sont plus aujourd'hui que de lâches renégats, on remarque un nommé *Sève*, fils d'un meunier de Lyon, qui se dit colonel de l'ex-garde, et qui, promu à la dignité de *bey*, sous le nom de Soliman, jouit en ce moment de la plus haute faveur auprès d'Ibrahim, son maître.

Monembasie, Corinthe, Athènes, Napoli de Romanie, étaient les seules forteresses de la péninsule encore au pouvoir des Grecs. Les autres places fortes du Péloponèse, tels que le château de Patras, Coron, Modon, Navarin, étaient fortement occupées par les Turcs. Tripolitza renfermait une garnison de quinze cents Arabes, et se trouvait vivement bloquée par les troupes de *Colocotroni.*

Après la prise de Missolonghi, le but d'Ibrahim-Pacha était de venir directement sous les murs de Napoli de Romanie, persuadé qu'une fois possesseur de ce boulevard, il serait maître de la presqu'île. Ce n'était pas un projet si facile à réaliser. Avant d'arriver sous les murs de Napoli, il fallait franchir les nombreux défilés qui y conduisent; le fils belliqueux du pacha d'Égypte n'y fût pas venu impunément, comme au mois de juillet précédent, où il n'avait rencontré aucun obstacle. Cette fois les vieilles bandes de Colocotroni et de Nicétas, embusquées dans des gorges inaccessibles, faisaient sentinelle, et gardaient rigoureusement tous les passages.

Quoique Missolonghi fût réduit aux abois, les hardis vaisseaux d'Hydra et de Spezzia, qui allaient mettre en mer pour le ravitailler, ranimaient ses vaillants défenseurs. Ils ne cessaient, en attendant, de s'immortaliser par leur noble résistance, et repoussaient tous les jours des attaques de vive force.

Le 14 mars, un courrier vint annoncer à Napoli une brillante victoire qu'ils avaient remportée sur les Arabes. Dans les derniers jours de février, ceux-ci venaient de donner des assauts continuels pendant trois jours; le quatrième, à huit heures du soir, ils s'étaient réunis en lignes serrées, résolus, quoi qu'il en coûte, de pénétrer dans la place. Enflammés par les chants fanatiques des derviches, qui psalmodiaient des versets du Koran, en leur criant : *Ya ghazi, ya schedid!* « la victoire ou le martyre ; » précédés de leurs bairucks, ils s'étaient élancés, ivres de vengeance, jusque sur les remparts ; mais vivement repoussés par les Hellènes, qui les précipitaient dans les fossés, après s'être battus avec férocité jusqu'à la onzième heure de la nuit, ils s'étaient retirés, laissant les retranchements comblés des cadavres de leurs soldats.

Ils eurent cinq cents hommes tués et un plus grand nombre de blessés ; les Grecs n'eurent à regretter que cinquante des leurs, la perte étant toujours plus considérable du côté des assaillants. Ces braves guerriers avaient eu, pendant quatre heures consécutives, un assaut terrible à soutenir. Cinq mille hommes s'étaient précipités sur eux avec tout l'acharnement que donnent les longueurs d'un siége qui déja avait coûté tant de sang.

Les Hellènes, profitant de la défaite des Égyptiens, firent aussitôt une sortie vigoureuse. Au milieu de la nuit, le fusil en bandoulière, l'yatagan à la main, ils pénètrent dans le camp des Arabes, qui, fatigués des combats de la veille, sont tout endormis ; frappent, égorgent et taillent en pièces tous ceux qui tombent sous leurs mains. Pour me servir des propres expressions du lieutenant-général Mathieu Dumas, qui sait aussi bien tenir la plume des gens de lettres que l'épée des guerriers, et dont on peut dire avec raison, *eodem animo scripsit quo dimicavit*, *la mêlée était hor-*

rible, la nuit profonde; on se massacrait aux lueurs du feu [1].

Rassasiés de carnage et fatigués de victimes, après avoir fait tomber sous leurs coups plus de quatre cents hommes, les Hellènes entrèrent vainqueurs à Missolonghi, chargés de brillants trophées. Ils rapportèrent quantité de riches pistolets et d'armes précieuses, parmi lesquelles deux cent cinquante fusils à baïonnette. Ils perdirent fort peu de leurs compagnons, tant les Arabes furent surpris de cette attaque inattendue.

1 Précis des événements militaires, par le comte Dumas; campagne de 1805, tome IV, combat de *Dnierstein*.

CHAPITRE III.

DANS la guerre d'extermination que le croissant a jurée à la croix, on ne s'étonnera pas si celui-là a toujours pris jusqu'à présent l'offensive; ses forces sont au-delà de toute proportion avec celles de la Hellade. On sait que l'empire ottoman est un des plus vastes empires de l'Europe; l'Asie et l'Afrique musulmanes ont toujours à fournir au Grand-Seigneur des hordes inépuisables. Aussi a-t-on vu, depuis ces six dernières années, ces trois parties du monde vomir successivement sur le sol de la Grèce des essaims de barbares. Heureusement pour l'Europe chrétienne que ce ne sont plus les terribles janissaires des Mahomet II et des Soliman; car, quoiqu'on dise qu'un de nos corps d'armée irait droit aujourd'hui, sans obstacle, à Constantinople, il y aurait beaucoup à douter encore d'une aussi rapide conquête. Le fanatisme des adorateurs de Mahomet est encore plus jeune et plus vigoureux qu'on ne le pense. C'est surtout de l'autre côté du Bosphore qu'on remarque dans toute sa force et son énergie la férocité des sectateurs de Moloch, et leur horreur des nations chrétiennes. L'adroit prophète, en donnant à son peuple un code religieux, leur a donné à la fois un code militaire; sa religion, toute guerrière et portée aux conquêtes, promet dans l'autre vie une foule de jouissances à ceux qui tombent dans les combats: aussi voit-on aujourd'hui l'Arabe fanatique, malheureusement pour la Grèce, mourir en souriant.

L'Europe musulmane est venue la première arroser le sol hellénique du sang de ses enfants. L'Asie à son tour s'est empressée d'envoyer ses hordes vagabondes; et les défilés de l'isthme de Corinthe et les champs de l'Argolide ont vu dans une année trente mille cadavres de ces Asiatiques engraisser leurs campagnes. Aujourd'hui c'est l'Afrique musulmane qui vient payer son tribut à la vengeance du croissant. Le pacha d'Égypte, le prétendu vice-roi philanthrope Méhémed-Ali, a su attirer dans ses états un ramas de vagabonds que l'Europe a vomis de son sein, la plupart flétris par les lois et échappés au glaive de la justice: presque tous ont pris le turban. Le moderne Pharaon s'est servi de ses renégats pour organiser à l'européenne ses nombreux Arabes. A peine dix mille hommes ont-ils été formés en régiments et exercés au maniement des armes, qu'il s'est empressé de les jeter sur le territoire de la Grèce. C'est devant la glorieuse place de Missolonghi qu'ils sont venus faire cruellement leurs premières armes. On sait que s'ils en sont maîtres aujourd'hui, ce n'est point leur valeur, mais la famine qui la leur a livrée.

Les Arabes ont donc débarqué, pour la première fois, dans le Péloponèse, au nombre de dix mille hommes d'infanterie et de douze cents chevaux. Ils possédaient une artillerie proportionnée, et dirigée par des officiers renégats des nations chrétiennes. De cette armée, il reste à peine trois mille Arabes; le reste a succombé devant Missolonghi. Un dernier renfort a eu lieu au mois de juin dernier; il se composait de quatre mille hommes, dont une partie déja a été battue par les Maïnotes. Ibrahim attend de jour en jour de nouvelles forces. Kourchid-Pacha, son premier lieutenant, est allé en Thessalie pour recruter des Albanais, avant de s'engager dans le Péloponèse. Ces derniers étaient au nombre de six mille hommes, troupes irrégulières; ils ont perdu beaucoup moins de monde que les Arabes, à raison de ce qu'ils ont fort peu pris part aux actions générales.

Quant aux troupes que la Grèce a sous les armes, il serait assez difficile d'en préciser le nombre. Chaque chef de bandes a plus ou moins de soldats sous ses ordres. J'en ai vu qui en avaient trois cents, d'autres quatre, et au-delà. Les principaux chefs en commandent un nombre beaucoup plus considérable. Colocotroni a toujours sept à huit mille hommes sous ses drapeaux; Mavromichalis peut compter pour le moins trois mille Maïnotes; et Gouras a près de deux mille Palicares, répandus dans l'Attique.

Depuis six années que la Grèce voit tomber ses

enfants sous le fer ennemi, on est étonné de voir encore autant de ses soldats sous les armes ; car les Hellènes, habitant une contrée peu étendue, n'ont pas l'avantage de se renouveler comme leurs adversaires. Dès l'aurore de l'insurrection, toutes leurs générations au-dessus de l'enfance ont pris les armes; et l'on sait quelles moissons sanglantes la mort en a déja faites.

Les troupes de ces généraux ne sont pas organisées; ce sont des bandes de guérillas qui ont, pour combattre, leur tactique particulière. Il ne faut pas croire qu'ils vont isolément guerroyer de part et d'autre. Toujours ils se réunissent en faisceaux, et ne marchent que par colonnes. En plaine, ils savent se déployer comme des bataillons de ligne. Dans les montagnes, ils ont soin de s'échelonner de ravins en ravins, et de se rendre maîtres de tous les défilés. La tactique de ces troupes est peut-être plus propre que toute autre au territoire montagneux et coupé qu'ils ont à défendre. Les Hellènes, surtout les fiers enfants de la Selléide, connaissent parfaitement la guerre de montagnes. On a vu de leurs faibles détachements arrêter, dans certains endroits du Péloponèse, des colonnes entières.

Si nous cherchons à avancer que les guérillas sont en quelque sorte préférables dans cette guerre aux troupes de ligne, nous sommes loin de révoquer en doute l'utilité de ces dernières. Les Grecs non plus que les Turcs n'aiment pas beaucoup ce qu'ils appellent, les premiers, les *tacticos;* et les seconds, les *nizim y djedid.* Tous les Orientaux ont une aversion marquée pour les troupes de ligne, et disent hautement qu'ils ne veulent pas être comptés tous les jours comme des troupeaux de moutons.

Accoutumé à la vie errante des montagnes, le Grec, et surtout l'Albanais, fuit comme une contagion pestilentielle la discipline de nos troupes. Sous son joug, d'intrépides guérillas, ils ne deviennent que de très-médiocres soldats, semblables à ces fleurs transplantées d'une terre indigène dans une serre où elles languissent. Témoin ces Souliotes dont la Russie fit un corps de milice à sa solde lors des expéditions de Naples et de Cattaro, et dont la discipline sévère des Russes ne fit rien.

Cependant le colonel *Fabvier*, sentant l'importance d'un corps régulier, est parvenu à organiser un régiment. Deux bataillons, forts chacun de huit cents hommes, soumis à notre système militaire, sont parfaitement exercés, et manœuvrent aussi bien que nos soldats; un troisième bataillon, organisé à Napoli de Romanie, est allé les rejoindre, et forme, avec eux, le premier régiment de ligne.

Si le colonel a toujours de l'argent pour solder sa troupe, il la tiendra sous les armes et dans l'obéissance. Cette solde n'est pas forte ; elle consiste en quinze paras par jour (trois sous de notre monnaie), plus un pain de dix paras et seize piastres en sus, ou huit francs près, par mois, pour chaque homme.

Le soldat grec est très-sobre, boit peu de vin, se contente la plupart du temps d'olives et de différents végétaux, qu'il assaisonne à sa mode, et qu'il arrose abondamment de jus de citrons, si communs dans ces contrées. Souvent, lorsque réunis ensemble ces soldats veulent faire un repas extraordinaire, ils font rôtir des moutons entiers.

Outre ces trois bataillons d'infanterie dont nous venons de parler, le colonel Fabvier a sous ses ordres une compagnie d'artillerie, servant six pièces de campagne. Il peut compter ensuite deux cents chevaux, dont M. Regnaud de Saint-Jean d'Angély, fils du célèbre sénateur de ce nom, avait le commandement, et qu'à son départ de la Grèce, le colonel Fabvier a remis à M. Alméda, officier supérieur portugais. Du reste, la cavalerie est fort peu nécessaire dans les montagnes du Péloponèse, où est resserré le théâtre de la guerre : son principal service est d'éclairer et d'entretenir les correspondances.

Quant aux généraux des deux armées, ceux qui commandent les Arabes sont : Ibrahim-Pacha, fils de Méhémed-Ali, pacha d'Égypte, général en chef; Kourchid-Pacha, premier lieutenant d'Ibrahim; le renégat Sève, aujourd'hui Soliman-Bey, et Hussim-Bey, commandant la cavalerie. Reschid-Pacha et Jussuf-Pacha commandent des réserves, composées en partie d'Albanais.

Les généraux grecs sont : Théodore Colocotroni, commandant en chef les troupes du Péloponèse ; Nicétas, son neveu ; Jatraco, Calliopoulo, Notaras, Zocri, Gennéos, Colocotroni fils, Déli, Zaïmi, Sissini, Mavromichalis, chef des Maïnotes ; Marzino, Londos, Gouras, commandant la Grèce orientale ; Karaïskaki, Photomaras, gouverneur de Napoli ; Nothi-Botzaris, polémarque de la Selléide ; Kitzo-Tzavellas, Zerva, Adam et Constantin Ducas : ces six derniers sont généraux souliotes.

Si nous voulons parler de la marine des deux parties belligérantes, nous dirons que les Grecs n'ont à opposer aux citadelles flottantes du sultan que de frêles navires ; mais ce sont les hardis navires d'Hydra, de Spezzia et d'Ipsara, montés par des marins intrépides. Les Turcs ont des vaisseaux et point de matelots ; et les Grecs, des matelots et point de vaisseaux.

Ces derniers ont prouvé leur habileté dans différents combats sur mer. Le Grec, habitant un pays que la mer baigne et coupe de toutes parts, est matelot dès son enfance, et se familiarise de bonne heure avec le capricieux élément. L'Europe a retenti des prodiges de l'audacieuse marine des Hellènes dans les eaux de l'Archipel. Trois des plus beaux vaisseaux de l'empire ottoman ont été réduits en cendres dans les parages de Scio, de Ténédos et de Samos, par les hardis brûlots que dirigeait le vaillant Canaris.

CHAPITRE IV.

Le jour de Pâques, les Hellènes portaient pour la première fois les vêtements militaires envoyés par le comité grec de Paris. Ils quittèrent avec plaisir la chlamyde et la fustanelle pour l'habit à la française. Fiers de ce nouveau costume, ils paraissaient tous dans la joie, et Pâques fut pour eux une double fête.

Le comité rendait le plus grand service à ces malheureux soldats, qui étaient tous dans un état de nudité déplorable. On leur distribua les armes envoyées par le comité de Paris. Ces hommes dès-lors parurent tout autres, et on lisait sur leur visage un grand enthousiasme. Avec ces habits militaires, d'un coup de baguette on transforma tout-à-coup des paysans en bataillons de soldats.

C'était une chose importante que de se hâter d'armer, d'habiller et d'équiper uniformément les hommes déja enrôlés. Le moral de l'individu, la bravoure, le mépris des dangers, constituent le guerrier; l'uniformité du vêtement, des armes et de la vie régulière, fait seule le soldat, et donne à une troupe quelconque le nerf de la discipline et la force d'ensemble, *vis unita*.

Dans la matinée, les tambours réunirent les Hellènes dans l'Agora de Nauplie, et la parade y eu lieu comme sur une place d'armes. Immédiatement après, les troupes partirent pour aller manœuvrer dans les campagnes qui ouvrent la vaste plaine d'Argos. Une foule immense, avide d'un spectacle si nouveau pour elle, était accourue admirer la belle tenue des défenseurs de la patrie.

Le général *Roche*, accompagné du ministre de la guerre *Adam Ducas* et de plusieurs généraux grecs, passèrent la revue, et firent exécuter plusieurs évolutions. Les Hellènes montraient beaucoup de prestesse et d'ensemble dans leurs manœuvres; et, à la vue de ces troupes, on eût cru se trouver devant des bataillons français. Après avoir satisfait une multitude de spectateurs, les Hellènes rentrèrent à Nauplie au son d'une musique guerrière, et se retirèrent dans leurs casernes.

C'est alors que, le 2 avril, je vis la flotte grecque, composée de vingt-neuf voiles de guerre, de onze brûlots et de vingt mystics ou petites barques, sortir des eaux de l'Archipel, sous les ordres de l'amiral Miaulis, pour aller porter des vivres à Missolonghi. Elle alla se réunir dans les eaux de Cérigo, et de là mit à la voile par un vent favorable. Elle avait à son bord les généraux de cette place, Lambro, Ischo, Zerva, Souliotes; Spiro et Milio, Roméliotes, venus à Napoli de Romanie pour demander des vivres. Après une traversée de trois jours, elle découvrit les côtes de l'Étolie, et croisa quelque temps devant l'île de Zante.

Le 5 avril, au lever du jour, un bâtiment parti de cette île fit aux défenseurs de Missolonghi un signal convenu, de trois coups de canon, pour annoncer l'apparition de l'escadre grecque. Les Hellènes usèrent, en cette circonstance, d'une ruse fort avantageuse. Ils feignirent de vouloir capituler, et, après de longues négociations avec Ibrahim-Pacha, ils demandèrent, ce qu'il leur avait promis, de sortir avec les honneurs de la guerre.

Les Grecs, prévenus de l'arrivée de leurs navires, entretenaient ces négociations uniquement pour gagner du temps. Ils étaient dans une telle joie, qu'ils commencèrent à tirer le canon en signe de réjouissance. L'ennemi, déconcerté, ayant découvert ce stratagème, forma le projet de les attaquer le lendemain.

L'armée arabe commença le feu au lever du soleil. Ibrahim porta ses forces régulières sur les petites îles de Clissova et de Marmora, seuls points pour les Grecs de communication avec la mer. C'est là qu'on avait coutume de débarquer les vivres pour Missolonghi. Le poste important de Clissova était occupé par cinq cents Rnméliotes, sous la conduite du général Kitzo-Tzavellas. Clissova avait été fort heureusement renforcé la veille; car le lendemain Kourchid-Pacha reçut l'ordre d'Ibrahim de marcher sur ce point avec huit mille Albanais.

A la vue des barques nombreuses qui couvraient la mer et qui gouvernaient droit sur Clissova, le général Tzavellas ordonna aux siens de commencer le feu ; plusieurs pièces d'artillerie vomirent à l'instant la mort sur les bateaux ennemis. Un grand nombre de chaloupes canonnières, que possédaient les Turcs, répondirent à ce feu meurtrier. La canonnade la plus meurtrière, jointe à une fusillade continuelle, écrasa les deux partis pendant deux heures entières. Après de vigoureux efforts, les Hellènes n'avaient pu encore faire reculer les Albanais, quand tout-à-coup Kourchid, atteint d'une balle, commence à fuir. Les Albanais en désordre imitent leur général. Désespérés d'un succès qu'ils croyaient certain, et voyant l'opiniâtre résistance des Hellènes, ils se retirent déconcertés, non plus au nombre de huit mille; car deux mille de leurs cadavres flottent sur les eaux, et les gémissements d'une foule de blessés retentissent dans leurs rangs. Outre ces pertes, trente bairucks ou étendards sont abandonnés par les Turcs au pouvoir des défenseurs de Clissova.

A la fatale nouvelle de la déroute de son premier lieutenant, Ibrahim envoie sur-le-champ huit mille Arabes, sous les ordres de Hussim-Bey. A l'approche de cette autre masse de Barbares, les Hellènes, fatigués, qui goûtaient un instant de repos, se réveillent comme des lions ardents, et se préparent à de nouveaux combats. Le général Tzavellas, s'adressant à ses compagnons, leur dit :

« Nous sommes fatigués, il est vrai ; mais notre sa-
« lut et notre gloire doivent nous faire oublier nos
« fatigues. Illustrons doublement cette journée ;
« nous avons fait tomber sous nos coups et mis
« en fuite huit mille Albanais, frappons de la même
« déroute ces Arabes qui s'avancent. Je vous re-
« commande seulement, ajoute-t-il, de bien diri-
« ger vos coups contre les officiers. — Général, ré-
« pondirent tous ensemble les Palicares, vos ordres
« seront remplis ; nous voulons la victoire ou la
« mort. — Oui, reprit Tzavellas : vainqueurs, des
« lauriers immortels nous attendent ; vaincus, nous
« emportons dans la tombe l'admiration de nos
« compatriotes. »

A ces mots, les Hellènes courent à leurs pièces, en portant le ravage dans la masse ennemie. Un feu terrible s'échange des deux côtés. Les Arabes reculent découragés à la vue de cette muraille d'airain qu'ils ne peuvent enfoncer. C'est en vain que leurs officiers les frappent à coups de plat de sabre pour les faire avancer. Si quelques-uns marchent, les chefs les poussent. Une grande partie enfin parvient à descendre sur la plage, et arrive devant la redoute sous le feu vif et plongeant des Hellènes. Ceux-ci, fidèles à l'ordre du jour, tirent sur les chefs, qu'ils reconnaissent à leurs larges turbans et à leurs brillants costumes.

Hussim-Bey, qui commande les Arabes, s'approche, dans une barque, en criant à ses soldats : *En avant, en avant!* Mais Tzavellas a reconnu le chef ennemi, et il ordonne de faire feu sur la barque qui le porte. A peine a-t-il parlé que Hussim-Bey tombe frappé du plomb mortel. Le bruit de sa mort retentit aussitôt dans les rangs des Africains, qui s'enfuient en désordre et abandonnent Clissova.

Ce sanglant combat avait duré toute la journée du 5 avril : les Grecs n'eurent à regretter qu'une centaine des leurs, tous morts en héros; le nombre de leurs blessés ne se montait pas à plus de cent cinquante. Le résultat de cette victoire fut la prise de deux mille cent soixante fusils, cent quarante-six sabres d'officiers, vingt tambours, douze cents fusils albanais, beaucoup d'argent, quantité de riches pistolets et de magnifiques poignards.

Ainsi finit cette journée mémorable. Les Hellènes, après avoir soutenu, au nombre de cinq cents hommes, les attaques réitérées des Albanais et des Arabes, rentrèrent vainqueurs à Missolonghi, laissant les gorges de Clissova comblées des cadavres des Turcs.

Cette courageuse résistance, d'un petit nombre d'hommes à des masses, sert à prouver à ceux qui en doutent encore la bravoure des Hellènes, dignes de donner la main, sans intervalle, à leurs ancêtres. Ce fait d'armes démontre de nouveau qu'une poignée d'hommes intrépides, animés de l'esprit de patriotisme et de liberté, sort toujours triomphante de sa lutte contre un troupeau de lâches et d'esclaves.

CHAPITRE V.

DANS les derniers jours de mars, je partis de Napoli de Romanie avec Gennéos Colocotroni, fils de l'illustre général de ce nom, sa suite nombreuse et plusieurs Philhellènes, pour aller visiter le tombeau d'Agamemnon, et en même temps observer de près Tripolitza. Ce jeune capitaine se montra fort généreux à notre égard, et nous témoigna un vif intérêt.

Montés sur de légers chevaux moraïtes, nous nous élançâmes rapidement dans la vaste plaine d'Argos, et nous nous dirigeâmes d'abord sur Tyrinthe. Nous arrivâmes bientôt dans cette antique cité de Vulcain. Des masses énormes, éparses çà et là, attestaient encore les restes imposants de constructions cyclopéennes. Nos yeux contemplaient avec admiration d'épaisses murailles, bâties avec d'énormes quartiers de rochers qui forment une enceinte qui seule a résisté aux ravages du temps. Nous gravîmes, quoique difficilement, avec nos chevaux, l'éminence sur laquelle s'élevait l'acropolis de Tyrinthe. Après avoir exploré ces ruines, nous descendîmes dans la plaine. A chaque instant, nous traversions des villages incendiés et vides d'habitants. Nous passâmes par celui dont le cadi de Napoli de Romanie était en partie propriétaire. Il ne restait plus rien des débris de la superbe habitation que ce ministre de la justice possédait en ces lieux embellis par de magnifiques jardins d'orangers.

Nous ne tardâmes pas à traverser l'Inachus et à entrer dans Argos. Le voyageur y cherche en vain une des plus fameuses capitales de l'Orient. Argos ne lui offre plus aucune trace de la ville du roi des rois. La paix des tombeaux y a remplacé le bruit éclatant des festins et des fêtes. Quatre siècles d'oppression et d'injures ont pesé sur la ville d'Agamemnon; et le descendant des fiers Argiens, passant d'une domination à l'autre, a vu constamment son nom traîné dans la poussière.

La nature cependant est toujours la même en ces beaux lieux. Argos est assis, comme autrefois, au pied fleuri de collines verdoyantes, au fond d'un golfe, dans une plaine enchanteresse. Mais la mer, avide de baigner encore ses murailles, ne vient plus laver qu'une plage déserte et des campagnes ravagées.

C'est en parcourant les rues solitaires d'Argos que le voyageur se demande : Où est cette multitude qui s'y pressait jadis ? Où sont ces cent mille guerriers qui, montés sur de nombreux vaisseaux, volaient, sous la conduite d'Agamemnon, à la conquête de Troie ? Que sont devenues ces habitations somptueuses, ces monuments des arts, ces temples, ces palais aux cent colonnes qui fatiguaient les airs, ces fontaines jaillissantes qui décoraient les places publiques et y répandaient au loin la fraîcheur et la vie? Hélas! une misérable cabane remplace la demeure élégante de Clytemnestre et d'Agamemnon; et le palais magnifique où Iphigénie vit élever son enfance, et s'endormait sur la pourpre des reines, est devenu le refuge d'animaux immondes! O vicissitudes des empires! le temps, l'infatigable temps, dans sa course rapide, a tout dévoré; tout, et Argos, et ses rois, et sa domination! Les royaumes, comme les nations, et celles-ci, comme les hommes, meurent donc naturellement, quand les guerres civiles, les révolutions et les conquêtes ne les frappent pas de mort violente!

Depuis la guerre actuelle, Argos a été plusieurs fois incendié; toutes les habitations grecques qui, d'après la volonté de leurs maîtres, sont dans la Hellade réunies en ligne et séparées de celles des Turcs, sont devenues la proie des flammes. Le Kiaïa-Bey de Tripolitza, qui y porta le premier la dévastation, eut soin d'épargner celles des Musulmans, qui toutes sont isolées avec leurs jardins et leurs dépendances.

Malgré le ravage du temps et des Barbares, on y rencontre encore quelques débris de son antique existence. Un grand nombre de chapiteaux mutilés sont couchés çà et là; plusieurs colonnes, que l'on a creusées, au lieu de supporter, comme autrefois, les voûtes des palais, servent d'abreuvoirs aux troupeaux.

Avant de quitter Argos, Colocotroni nous offrit à dîner. Deux moutons rôtis tout entiers furent servis aux convives. Des esclaves africains nous versaient à boire à la ronde. Nous portâmes de longs toasts à la liberté grecque, et à la brillante valeur du général en chef, Théodore Colocotroni. Aussitôt après ce repas, qui pouvait avoir quelque ressemblance avec ceux des héros des temps antiques, nous sortîmes d'Argos et prîmes le chemin qui conduit au tombeau d'Agamemnon.

Nos yeux étaient sans cesse frappés, sur notre route, par les tableaux les plus riches et les plus variés. Une nature merveilleuse, enchanteresse, sous un ciel couleur de rose, nous offrait une source de jouissances continuelles. Malgré la guerre affreuse qui désolait les belles campagnes de l'Argolide, elles se couvraient néanmoins, sans culture, de moissons. L'aloès, le mûrier, l'oranger, et le triste cyprès, si convenable à l'affliction de ces beaux lieux, offraient au voyageur de doux ombrages contre la chaleur du jour.

Après une heure de marche, nous aperçûmes le tombeau du roi des rois. Frappés d'admiration, nous nous arrêtâmes un moment enchantés; puis, précipitant nos chevaux, nous arrivâmes au pied du monument du haut duquel trente siècles nous contemplaient. Il serait difficile de peindre l'émotion que nous éprouvâmes en foulant le tertre de gazon qui renferme les dépouilles mortelles du plus puissant des rois des temps antiques. La situation romantique où reposent ses cendres nous avait tous plongés dans une mélancolie profonde. La solitude des campagnes qui l'environnent, l'agitation des arbres plaintifs des forêts, le murmure des vents qui se jouaient dans d'épais feuillages, le vaste et lugubre silence qui régnait au loin, nous présentaient une scène à la fois majestueuse et imposante.

Nous quittâmes le tombeau d'Agamemnon, et rentrâmes, au déclin du jour, dans Argos. Là je pris congé de mes compagnons de voyage et de Gennéos Colocotroni, qui allèrent coucher le même jour à Napoli de Romanie. Je passai la nuit à Argos, désirant partir le lendemain pour aller voir le poste important des Moulins à une demi-lieue de cette ville, et me joindre ensuite à plusieurs Palicares de Mavromichalis, qui partaient pour le Magne, plein du désir de connaître cette région indomptable, et les lieux célèbres où florissait l'antique Lacédémone.

CHAPITRE VI.

Comme je désirais depuis long-temps connaître le poste célèbre des Moulins, j'allai satisfaire ma curiosité. En prenant la route qui conduit d'Argos dans la Laconie, je suivis quelque temps les rivages de la mer, et, après avoir franchi la petite rivière de l'Érasinus, qui s'échappe avec impétuosité de rochers voisins, j'arrivai à *Mylos* ou aux Moulins. Avant la guerre, c'était un village bâti à l'entrée des marais de Lerne. Le farouche Kiaïa-Bey de Tripolitza l'a plusieurs fois incendié, et il ne reste plus qu'un moulin à deux tournants et cinq à six maisons. Des eaux pures et salubres s'échappent toujours avec abondance de la fameuse fontaine de Lerne, et alimentent ces marais célèbres où la valeur d'Hercule triompha de l'hydre qui désolait ces contrées.

Le gouvernement grec a confié la défense de ce poste à un des fils de Pierre Mavromichalis, prince du Magne. On a senti toute l'importance de cette véritable position militaire, depuis la tentative, au mois de juillet 1825, d'Ibrahim-Pacha, qui en désirait fort la possession, à cause de la quantité de grains qui s'y trouvait pour alimenter la population nombreuse de Napoli de Romanie.

L'affaire qui s'y engagea entre les Grecs et les Arabes, que l'on a eu la prétention d'appeler bataille des Moulins, n'a été rien moins qu'un modeste combat, sanglant à la vérité. La cavalerie arabe, commandée par Ibrahim en personne, descendit au galop des montagnes, et fondit sur le poste, qui n'avait qu'une faible garnison. Les Hellènes souffrirent quelque temps du choc de cette impétueuse cavalerie; mais, ayant eu le temps de recevoir des secours de Napoli, ils parvinrent à repousser une aussi téméraire attaque. En même temps, une goëlette grecque, armée de 18 canons, étant venue s'embosser dans les eaux du golfe, fit un feu terrible sur les Égyptiens.

Le général Roche et le colonel Fabvier se trouvaient alors tous deux à Napoli de Romanie. Les deux notables Philhellènes s'empressèrent de donner leurs conseils aux chefs grecs, et leur assignèrent des positions pour arrêter l'ennemi, qui s'avançait sous les murs de la place. Il y eut à cet égard une discussion entre le général Roche et le colonel Fabvier. Le premier avait placé Démétrius Ipsilanti avec cinq cents hommes dans un jardin entouré de murailles crénelées, situé à l'entrée de Nauplie.

Le colonel Fabvier s'opposa, dit-on, justement à l'occupation d'une position isolée, qui n'offrait aucun avantage, et voulut tirer un meilleur parti des cinq cents hommes en les faisant avancer. Ses conseils ne furent pas suivis; d'ailleurs l'ennemi n'arriva pas jusque-là; une troupe de Palicares le refoulèrent bientôt dans les montagnes, en lui tuant une cinquantaine d'hommes.

Je quittai *Lerne* le soir de mon arrivée, et, profitant de la fraîcheur de la nuit, je partis pour le Magne avec plusieurs soldats qui allaient revoir leur famille, et moi leur contrée sauvage et leur peuplade belliqueuse. Après avoir gravi pendant six heures des montagnes escarpées, nous descendîmes tout-à-coup dans une agréable vallée, où nous nous reposâmes jusqu'au lever de l'aurore. Nous étant remis en route, nous marchâmes, au sortir de la vallée, à travers des sentiers difficiles et rocailleux, tant que les feux du soleil ne nous firent pas chercher la fraîcheur. Vers onze heures, la chaleur devint si excessive, que nous nous arrêtâmes, au bord d'un torrent, sous l'ombrage de magnifiques platanes. Plusieurs moutons rôtis la veille, du pain de maïs en abondance, et quantité d'outres de vin, satisfirent notre appétit et notre soif.

Au déclin du jour, nous continuâmes notre route, marchant, tantôt au bord de précipices effrayants et de gorges affreuses, au bruit d'une foule de torrents qui tombaient avec fracas des montagnes. Le plus souvent nous traversions de belles vallées émaillées de fleurs, d'où partait l'odeur la plus suave, et qu'arrosaient de nombreux ruisseaux dont le doux murmure interrompait seul le silence de la nuit. Après avoir traversé les villages dévastés de *Trixême*, de *Palæochori* et de *Karvathi*, nous franchîmes, au hameau de Saint-Bazile, les eaux limpides de l'Eurotas, aujourd'hui Vasili-Potamos, et après quelques heures de marche, nous arrivâmes à Mistra.

Cette ville, située sur le penchant d'une colline, dominée par les hauteurs du Taygète, est la capitale du Magne; elle est peu distante du territoire de l'antique Sparte: c'est la ville sacrée des Maïnotes; c'est là l'asile indomptable de leurs peuplades guerrières. Les Turcs savent, par une cruelle expérience, qu'elle leur est aussi chère, que les Français savent cruellement aussi que l'antique capitale des czars, que Moscou aux coupoles dorées, l'est aux Moscovites. Toutes les fois que la Grèce tenta de secouer le joug de ses tyrans, c'est toujours du Magne que jaillit la première étincelle de l'insurrection; c'est à cette contrée que s'adressèrent les Orloff, quand une escadre des Russes parut pour la première fois dans les mers du Levant. C'est dans l'Éleutheron-Laconie que toujours se débarquaient les munitions de guerre et les armes, qui, si long-temps aiguisées en silence, devaient être un jour si meurtrières pour les Ottomans. Ce sont les montagnes escarpées, les défilés impraticables, qu'offre partout l'âpre contrée des modernes Spartiates, que n'a pas osé attaquer le farouche Mahomet II, qui, dans la rapidité de ses conquêtes, venait de courber sous son joug douze royaumes, de renverser deux empires, de prendre deux cents villes, et de subjuguer la Grèce entière.

On a beaucoup parlé des tribus belliqueuses qui habitent la sauvage région du Magne. Plusieurs savants voyageurs ont prétendu que les Maïnotes sont les véritables descendants des fiers Spartiates. Des deux côtés, disent-ils, se retrouvent les mêmes usages, les mêmes mœurs, un amour excessif de la liberté, et surtout du vol, qui a, pour ainsi dire, parmi eux ses autels. En effet, les Maïnotes possèdent ces qualités, et surtout la dernière, qui ne sera jamais qu'immorale. M. Pouqueville, dans son Voyage en Grèce, donne une peinture véridique de cette peuplade. Par son long séjour et par ses courses continuelles dans ces régions fortunées, cet éloquent écrivain est plus à même que tout autre de connaître le caractère des peuples qui les habitent. Cependant on ne peut révoquer en doute leur bravoure; toujours les fiers enfants du Magne se sont montrés intrépides dans les combats. Jamais les Turcs n'ont pénétré dans leurs sauvages retraites, et l'on s'est plu à dire que c'est à raison que ces derniers méprisaient un territoire aride, des rochers stériles, tandis que leurs attaques réitérées venaient constamment se briser contre ces mêmes rochers et contre l'opiniâtre résistance de leurs défenseurs.

Ils sont avides de pillage et de butin, il est vrai. Ils n'ont reconnu long-temps d'autre patrie que les gorges et les aspérités du Taygète. Nous sommes braves dans nos montagnes, disaient-ils; que nos ennemis viennent nous y attaquer.... Ces sentiments annonçaient sans doute une sorte d'égoïsme; mais ils sont si pauvres de civilisation, qu'on pouvait leur pardonner. Aujourd'hui, ils manifestent de plus nobles sentiments; ils prennent part à la lutte générale, et combattent pour l'affranchissement de la patrie. Ils doivent ce changement à la douce éloquence du vénérable évêque d'Hélos, qui, depuis le siége de Tripolitza, déracina de leurs cœurs ce lâche égoïsme, à la place duquel brillent aujourd'hui une ame grande et généreuse et un patriotisme brûlant.

Finissons par dire que les Maïnotes ne se courberont jamais sous le joug de la conquête. Réfugiés dans les montagnes qui de tout temps ont été l'asile de la liberté, sous l'abri des rochers qui ont repoussé loin d'eux les vices et les tyrans, ils paralyseront toujours les efforts de leurs agresseurs. Ils conserveront le flambeau sacré de la liberté, aussi ancienne chez eux que les montagnes du Taygète, et jamais ils ne déposeront les armes, non plus que les fiers enfants de la Selléide, de l'Olympe aux quarante-deux sommets, de l'Étolie, du mont Ida et des monts blancs de la Crète aux cent villes.

Le chef de ces modernes Spartiates est Mavromichalis. Sous le nom de Bey du Magne, il gouvernait la contrée durant la domination du sultan. Il payait un léger tribut à la Porte, et, pour garant de son pouvoir, il avait un de ses fils en otage à Constantinople.

Ce vaillant capitaine, que j'ai eu l'honneur de voir plusieurs fois à Napoli de Romanie, chez M. le général Roche, est âgé de cinquante ans; il a un son de voix enchanteur quand il parle l'idiome harmonieux des Hellènes : sa stature est imposante; son visage coloré, où brillent les plus beaux traits, plein de feu et d'expression, est ombragé par d'énormes moustaches qui viennent se nouer par derrière. Membre du gouvernement provisoire de la Grèce et un des personnages les plus influents du pays, il a excité un des premiers la terrible commotion politique qui agite aujourd'hui l'antique patrie des dieux et des héros.

Fils du fameux Jovanni Mavromichalis, qui joua un si grand rôle dans l'insurrection de 1770, comme son père, il a déja payé de bien sanglants tributs à la révolution; Kiria-Kouli, son frère, est mort dans les combats, et Elias, un de ses fils, entouré d'un essaim de Barbares, en Eubée, et ne voulant pas tomber vivant entre leurs mains, s'est poignardé.

Deux fils lui restent encore, espérance de la patrie. L'un commande le poste des Moulins devant Nauplie; l'autre à peine âgé de dix-huit ans, amené récemment à Paris par M. *Piscatory*, a été adopté par le comité grec, qui, dans sa philanthropie, sachant que la nature n'a fait qu'ébaucher l'homme et que l'éducation l'achève, s'est chargé de l'instruction d'une foule de jeunes Hellènes, pour les renvoyer un jour dans leur patrie, munis d'une éducation forte et libérale, et abreuvés aux sources de leurs ancêtres, nos maîtres dans l'éducation comme dans la liberté.

CHAPITRE VII.

Impatient d'aller visiter les ruines de Sparte, je me hâtai de quitter Mistra, je passai les eaux de l'Eurotas et commençai à fouler cette terre si riche de souvenirs. Des débris imposants étaient encore épars, des chapiteaux brisés, enfoncés dans la fange, et des colonnes tronquées couchées sur l'herbe, dispersées les unes au bord d'un ruisseau, d'autres couchées dans la plaine. Je m'approchai de cette île célèbre où s'exerçait une jeunesse nombreuse, qui est encore ombragée par de superbes platanes, qu'arrose l'Eurotas [1].

Le soleil, s'enfonçant insensiblement à l'horizon, venait de disparaître; au jour mourant, commençait à succéder une nuit profonde. J'allais repasser les eaux de l'Eurotas, quand tout-à-coup l'astre brillant des nuits, montant à l'horizon opposé, vint prodiguer sa lumière aux campagnes.

La scène majestueuse qui se déroulait devant moi, le vaste silence de ces lieux désolés, interrompu seulement par le murmure des ruisseaux

1 Le Plataniste, lieu d'exercice à Sparte.

et la chute des torrents, l'aspect des ruines de l'antique cité des Spartiates, m'arrêtèrent plongé dans une rêverie profonde. Fatigué, je m'assis sur une pierre isolée, les yeux fixés ou sur les ruines, ou sur les eaux brillantes de l'Eurotas, qui poursuivait son cours avec un doux murmure à travers une vallée charmante.

« Voilà donc, me dis-je, le sol fameux où naquit Léonidas, la ville où Lycurgue fit observer ces lois sublimes qu'avait rêvées son génie! En ces lieux la civilisation vint jeter ses premières racines; là, sur un espace étroit, naquirent des milliers de héros, qui firent trembler le monde; là, fleurirent, aux rayons purs de la liberté, la vertu et le génie. A Sparte, on accourait admirer cette constitution ingénieuse où l'on voyait l'union de la royauté, de l'aristocratie et du gouvernement populaire, produire l'égalité sans désordre, la liberté sans anarchie, et l'obéissance sans esclavage. »

C'est pour écraser cette fière Lacédémone que toutes les hordes de l'Asie se mettaient en campagne; mais vains efforts! Ce colosse d'argile venait se briser contre le bouclier d'airain de la liberté. Ah! qu'il était beau de voir la puissance aux prises avec la vertu, lutte sublime d'où la vertu sortait toujours triomphante!

Si Sparte fût restée sage, peut-être, avec l'admirable constitution de son gouvernement, serait-elle encore seule debout au milieu des ruines de la Grèce! Elle devait redouter cette ambition qui devait la conduire à sa ruine, ne point songer à reculer ses frontières; car dès qu'un empire s'étend, sa sécurité devient douteuse et chancelante. Semblable à l'ancienne Rome, élevée pour la guerre, elle eût dû constamment s'interdire les conquêtes dont Rome fit l'objet de sa politique, et dont, après sept cents ans, elle ne recueillit que l'esclavage, sans pouvoir éteindre sa soif brûlante, qui devait tout dévorer, tout, et Rome, et l'univers, et ses conquérants. Le système de celle-ci devait être son tombeau, l'autre ne devait s'effacer du globe qu'en rejetant ce même système.

Mais, trop confiante en ses succès, Lacédémone oublie que la servitude est fille de l'ambition, et que chercher le pouvoir, c'est courir à l'esclavage. Elle ne sait pas que chacune de ses conquêtes est un progrès vers sa chute, un pas vers la servitude. Mais, c'en est fait de sa liberté! La Grèce gémissante a vu les descendants de Miltiade et d'Aristide humilier devant un satrape les lauriers de Marathon et les cyprès des Thermopyles.

La chute de Sparte est prochaine: aussi Sparte succombe, et, comme tant d'autres cités, disparaît de la surface de la terre, malgré la sagesse de son législateur, qui semblait devoir lui assurer une durée, je ne dis pas égale à celle du monde, car les ouvrages de la sagesse ne sont pas éternels; mais ceux de la folie s'ébranlent sans cesse. La première, d'une main hardie et vigoureuse, grave ses caractères, ses caractères durables, sur le rocher; la seconde, d'une main lâche et débile, trace les siens sur la poussière.

Je regagnai Mistra dans la nuit. Le lendemain, j'entrai en campagne avec quatre compagnies de Palicares, environ deux cents hommes. Nous nous avançâmes sur Calamate, où on avait appris à Mistra, la veille, que les Arabes des garnisons de Modon et de Navarin s'étaient portés, et avaient achevé de mettre tout à feu et à sang. Nous allâmes nous embusquer d'abord dans la montagne de Scala, et, vers dix heures du soir, nous entrâmes dans Calamate, où régnait un profond silence. Les Arabes en étaient sortis dans l'après-midi, et nous ne trouvâmes plus qu'une cinquantaine de traîneurs, dont une trentaine seulement tombèrent entre nos mains; les autres s'enfuirent sur leurs chevaux, en prenant la route de Navarin. Nous envoyâmes nos prisonniers à Mistra, pour être conduits à Napoli de Romanie. Je remarquai ici combien l'Arabe captif était suppliant devant son vainqueur: pour qu'on lui épargnât la vie, il se serait condamné aux tourments les plus durs; tous se jetaient à nos pieds, les embrassaient, s'honoraient d'être nos esclaves, nous juraient fidélité, en s'écriant sans cesse: *Allah kerim! Allah kerim!* Dieu est grand! Dieu est grand! Le Grec prisonnier est fier en présence de son vainqueur, l'Arabe est vil. Nous ne passâmes pas la nuit à Calamate, nous nous portâmes sur Navarin; mais les Arabes nous épargnèrent la peine d'aller jusque sous les murs de la ville. Nous rencontrâmes leurs cavaliers, à la pointe du jour, près de Nisi. Quelques feux de peloton, que nous leur lâchâmes à la figure, suffirent pour faire rebrousser les fougueux cavaliers. Mais bientôt nous entendîmes les roulements d'une douzaine de tambours qui battaient la charge; quelques-uns des nôtres, montant sur un des plus hauts sommets, aperçurent une longue colonne qui s'avançait à grands pas; c'étaient les mêmes Arabes de Modon et de Navarin, qui, la veille, se trouvaient encore à Calamate. Informés, par ceux qui s'étaient échappés les derniers, de notre arrivée, ils accouraient pour nous surprendre.

Près d'en venir aux mains avec mille ou douze cents hommes, nous ne pûmes garder la plaine, et prîmes aussitôt position dans les montagnes. Échelonnés dans des ravins, nous résolûmes de rester sur la défensive, et de leur disputer le passage à Calamate. Une vive fusillade s'échangea de part et d'autre. Ne pouvant déployer leur colonne dans les lieux montueux où nous les attirâmes, ils furent contraints de se disséminer pour nous atteindre. Ne tirant qu'à l'abri des rochers ou des arbres, pendant plus d'une heure, on ne se fit pas grand mal. Mais deux compagnies des nôtres étant descendues dans un vallon tortueux pour surprendre une centaine de cavaliers qui s'y étaient imprudemment engagés, à peine avaient-elles démonté une quarantaine de ceux-ci, et mis

5.

le reste en désordre qui, sur leurs petits chevaux, gravissait les collines, que tout-à-coup une partie de la colonne arabe, qu'un chemin tournant avait empêché les nôtres d'apercevoir, se présente devant elles tête-à-tête. Les Hellènes conservèrent leur sang-froid, et lâchèrent leur première bordée. Ces Arabes, surpris d'une attaque aussi imprévue, reculèrent épouvantés, en lâchant quelques coups de fusil. En vain on entendait les cris de leurs chefs, pour les rallier; sous le feu d'une centaine de Grecs, ils fuyaient dans un chemin étroit et tortueux. Séparés des leurs, que nous de notre côté nous étions occupés à replier sur Navarin, ils continuèrent leur fuite, poursuivis jusque sous les murs de la place par les deux compagnies auxquelles les deux nôtres venaient de se joindre.

Nous reprîmes aussitôt la route de Calamate, et allâmes sur le champ du combat enterrer les morts que nous trouvâmes. Nous remarquâmes deux Arabes qui se tenaient encore embrassés. Trente des nôtres nous manquaient; nous transportâmes à Mistra nos blessés sur les chevaux que nous avions pris.

Nous quittâmes le lendemain cette ville, passâmes par Léondari, et allâmes camper près de Caritène. Nous ne rencontrâmes aucun Arabe sur notre route; ils étaient tous concentrés dans Tripolitza, d'où ils faisaient de rares sorties. Nous continuâmes notre route sur Dimitzana; aucun ennemi ne s'offrit non plus à notre rencontre; on eût dit que le Péloponèse en était purgé. De là nous allâmes prendre position au village de Pyrgos, où nous passâmes la nuit. A la pointe du jour, nous partîmes pour Calavryta, et nous aperçûmes, sur un sommet qui domine la route, plusieurs pals encore sanglants. A notre arrivée à Calavryta, nous apprîmes qu'Ibrahim en était sorti depuis l'avant-veille, et qu'il avait fait étrangler un *papas*, et empalé de pauvres paysans de Naucria, qu'il avait surpris armés.

Nous reprîmes la route de Dimitzana, traversant des villages incendiés, et ne rencontrant personne sur notre chemin; toutes les habitations étaient dévastées et abandonnées. Nous vînmes coucher à Langadia; et près des ruines de l'antique Tégée, nous nous séparâmes, près d'une vingtaine, de nos compagnons, qui prirent la route du Magne, et nous de Napoli de Romanie.

Nous passâmes à droite de Tripolitza; nous nous approchâmes si près des murailles, que nous entendîmes, sur le soir, les chants des Muezzins, qui appelaient les Arabes à la prière, du haut des minarets. Le hasard nous offrit, près de cette ville, le plaisir de prendre part à un combat qui venait de s'engager entre une centaine de cavaliers albanais, sortis pour aller fourrager, et une compagnie d'Hellènes, qui faisait partie du camp de Colocotroni.

Ces cavaliers qui, à la manière de petits chiens,

aboyaient de loin, s'étant avancés au galop au pied de la montagne, au sommet de laquelle nous étions embusqués, tout-à-coup un d'entre eux adressa la parole à un des nôtres, qui était le brave officier polonais Doubrouski. « Nous te connaissons bien, « dit-il, tu es un Franc ; depuis cinq années tu « combats parmi les Grecs : je te demande quels « fruits tu en as retirés, et quel sort t'est réservé? « Crois-moi, rendez-vous ; nous vous recevrons « bien parmi nous : d'ailleurs, vous êtes perdus. « Ibrahim va venir nous débloquer, et avec ses « troupes nous marcherons droit sur Napoli de « Romanie ; et alors quelle sera votre espérance « de salut ? »

Doubrouski reconnut que c'était un renégat, et se rappela de l'avoir vu à Napoli de Romanie. Comme notre officier polonais parle fort bien le grec, il conversa quelque temps avec lui, le priant de s'approcher, qu'il y avait suspension d'armes.

Cette scène amusante dura pendant près d'une heure. La plupart, descendus de leurs chevaux, les laissaient paître dans la prairie : nous étions toujours au haut de la montagne. Fatigués enfin de leurs bravades, nous commençâmes par descendre dans la plaine. Nous n'étions que cinquante-trois hommes ; les Albanais étaient à peu près cent, montés sur d'excellents chevaux. Une vive fusillade s'échange aussitôt des deux côtés. Partout ils cherchent à nous tourner et à nous envelopper. Adossés à la montagne, toujours bien pelotonnés et bien serrés, nous résistons à leur choc impétueux. Trois de nos hommes seulement ont l'imprudence de sortir de leurs rangs, et tombent aussitôt sous le sabre de la cavalerie. Leurs têtes sanglantes sont sur-le-champ exposées à nos regards. A cette vue, le combat devient acharné. La mêlée est sérieuse, la nuit profonde, plusieurs se sabrent à la clarté du feu. Huit de nos soldats tombent percés de coups. Privés de baïonnettes, nous mettons nos fusils en bandoulière, et saisissant nos yatagans, nous nous élançons toujours bien serrés, sur cette fougueuse cavalerie, dont plusieurs tombent sous nos coups, tandis que les plus lâches, pour éviter notre choc, courent quelque temps çà et là dans la campagne, et s'enfuient à la fin à toute bride à Tripolitza en poussant leurs *houras accoutumés*.

Trop faibles devant les quinze cents hommes de garnison qui se trouvent dans cette ville, nous nous retirâmes en prenant la route des montagnes. Nous avions perdu quatorze hommes, tombés au champ d'honneur. Les Albanais en perdirent à peu près une trentaine. Six cadavres des leurs étaient restés sur le champ de bataille; ils avaient emporté tous les autres.

Au bord d'un torrent, retranchés dans des gorges inaccessibles, nous fîmes rôtir quelques moutons et satisfîmes notre appétit dévorant. Nous nous endormîmes ensuite sous une voûte de rochers énormes, qui pendaient au-dessus de nos têtes; pendant une partie de la nuit, nous entendîmes dans la plaine un bruit de hennissement de chevaux et de houras. Quelques-uns des nôtres, s'étant avancés, à la faveur des ténèbres, sur un des plus prochains sommets qui dominaient la plaine, coururent nous annoncer que la campagne était couverte d'hommes et de chevaux. Nous présenter devant cette masse, c'eût été nous faire inutilement tailler en pièces; nous prîmes le parti de garder notre position. Le lendemain, à la pointe du jour, nous regagnâmes le camp de Colocotroni, établi à quatre lieues de là. Je pris congé des Palicares, et repris, avec *Doubrouski* et mes compagnons, la route de Napoli de Romanie.

Après avoir gravi plusieurs montagnes et traversé une fraîche vallée, nous suivîmes un chemin qui nous conduisit sur un des sommets de l'Artémisius. C'est de ce point que nos yeux furent frappés d'une des plus belles perspectives que le voyageur puisse rencontrer dans le Péloponèse. La vaste plaine d'Argos, où sont répandus quantité de villages, les ruines de Tyrinthe, le golfe et la ville de Napoli de Romanie avec ses maisons bâties en amphithéâtre, la citadelle de Palamide, qui semble se perdre dans les nues, les sommets éclatans de neige des monts de la Laconie, l'île de Spezzia et les premières Cyclades, présentaient à la vue le spectacle le plus enchanteur.

Nous descendîmes le revers de la montagne, et arrivâmes aux marais de Lerne. De là mes compagnons nolisèrent un bateau aux Moulins, pour se rendre par mer à Napoli de Romanie : quant à moi, je revins par Argos.

En arrivant dans la ville du roi des rois, je fus frappé d'un spectacle sanglant. Comme j'entrais dans un café pour me rafraîchir, je vis entrer en même temps plusieurs paysans, dont l'un portait un sac dégoûtant de sang. Il déposa son fardeau à la porte, et entra. Après s'être administré un verre de punch, cet homme alla délier son sac, et en tira plusieurs têtes humaines, qu'il s'empressa de montrer aux nombreux buveurs. Chacun les ayant examinées, il les posa sur un banc, et en alla chercher de nouvelles, qu'il promena par la salle. Les Hellènes étaient entièrement familiarisés avec cet affreux spectacle qui déja n'était plus nouveau pour moi. Ils ne paraissaient nullement émus, se plaisaient à manier ces têtes. desquelles plusieurs encore jaillissait la cervelle, et considéraient la manière dont on les avait coupées. Un grand nombre, assis à côté des tables de jeux, n'y firent pas attention, fort peu curieux de voir des têtes humaines coupées, et accoutumés d'ailleurs à ce genre de spectacle.

Ces têtes étaient celles de plusieurs cavaliers albanais, qui, sortis de Tripolitza pour fourrager dans les campagnes environnantes, avaient eu la maladresse de se laisser prendre par quelques paysans grecs, qui allaient à leur poursuite, comme ils vont eux-mêmes à la chasse aux chrétiens. Les fiers vainqueurs, possesseurs de leur proie, n'avaient pas balancé à couper les têtes de leurs captifs, et à porter leur sanglant trophée à Napoli de Romanie, afin d'obtenir récompense du Gouvernement.

Je ne sais pas s'ils ont été rançonnés; mais je sais qu'on accepta ces têtes albanaises, et je les vis le même jour suspendues publiquement toutes sanglantes au platane qui ombrage l'Agora de Napoli de Romanie.

Ora virûm tristi pendebant pallida tabo.

Telles sont les affreuses représailles de cette guerre d'extermination que l'Europe civilisée contemple froidement depuis six années consécutives.

Parti d'Argos dans la matinée, je suivis pendant quelque temps le rivage de la mer, et arrivai à Napoli de Romanie, où régnait un grand mouvement.

Le lendemain de mon arrivée, j'allai rejoindre, avec le capitaine polonais Doubrouski, trois cents hommes qui allaient partir d'Argos pour aller secourir le général Karaïskaki, qui, avec les siens, était de l'autre côté de Salone, inquiétant de temps à autre l'armée égyptienne qui assiégeait Missolonghi. Nous passâmes l'isthme de Corinthe, laissâmes Mégare à droite, et, après trois jours de marches forcées, nous allâmes coucher à Livadi. Comme en Grèce on ne donne point à la troupe de billets de logement, nous nous établîmes chez le premier hôte venu. Je fis un mauvais choix avec cinq camarades; nous entrâmes dans une maison d'assez belle apparence; mais l'intérieur n'était que ruines et masures, où se trouvaient entassées vingt-deux personnes, hommes, femmes, tous pêle-mêle. Après avoir assouvi notre faim sur un mouton rôti tout entier, nous demandâmes un endroit pour nous coucher : je ne parlai pas de lit, car il n'y en a peut-être pas deux dans toute la Grèce; les plus riches se couchent sur des tapis, quelques-uns sur des espèces de canapé, et la multitude se couche par terre comme des animaux, et sans se déshabiller. On nous conduisit dans une chambre haute : à peine y eûmes-nous mis les pieds que le plancher délabré commença à craquer, et tout-à-coup s'enfonça dans une écurie, en nous déchargeant sur des moutons et des ânes. Grace à la courte distance de la chute, nous n'eûmes pas de mal; nous fûmes un peu surpris, et les pauvres bêtes davantage. Il se trouvait là une botte de paille, nous la déployâmes, et prîmes le parti de nous coucher à côté de ces paisibles animaux.

Nous quittâmes Livadi à la pointe du jour; les premiers feux du soleil commençaient à dorer les sommets du Parnasse qui s'élevaient, à notre droite, dans l'espace azuré des cieux. Nous arrivâmes, à dix heures du matin, à Castri, misérable bourgade qui végète aux lieux pittoresques et romantiques où florissait la plus riche des villes de la Phocide, la fameuse Delphes, si célèbre par son temple d'Apollon que dotaient les peuples et les rois. Le dieu a partagé le tombeau de son temple; il n'a pas même une chaumière; son laurier prophétique s'est desséché; cette fontaine Cassotis qui rendait des oracles s'est tarie; les adorateurs apporteraient en vain des offrandes, la magie s'est dissipée, le silence du dieu qui décidait du sort des batailles et des empires a fait déserter ses autels.

Les nôtres continuèrent leur route sur Salone; je séjournai à Delphes avec un de mes compagnons, dans sa famille. Pour regagner nos gens, je lui manifestai le désir de passer par le Parnasse, quoique ce ne fût pas notre route. Il n'y consentit qu'avec peine. Nous arrivâmes bientôt au pied de la célèbre montagne : nous la gravîmes quelque temps ensemble; mon compagnon, fatigué, s'assit, et voulut m'attendre. Au risque de ne plus le retrouver, je continuai mon chemin escarpé, je gravissais, avec une curiosité dévorante, le séjour sacré des poètes. Après bien des sinuosités, j'atteignis un de ses sommets d'où ma vue se promenait sur le golfe de Corinthe et sur la côte. Voyant que je n'arriverais jamais jusqu'à la dernière cime, je me mis à descendre, en faisant retentir les échos de la montagne des beaux vers de Despréaux, que tant de fois je récitai sur les bancs :

« C'est en vain qu'au Parnasse un téméraire auteur
« Prétend de l'art des vers atteindre la hauteur. »

J'arrivai au bord d'une belle fontaine, où je me

désalterai, et, continuant de suivre un sentier escarpé, je parvins, après bien des détours, sur un léger plateau, d'où, à force de cris, je retrouvai mon camarade.

Nous prîmes la route de Salone, où nous retrouvâmes nos gens. Karaïskaki se trouvait campé dans les environs d'Amourani; nous le rejoignîmes le jour même; il avait en vain essayé de pénétrer dans Missolonghi; avec sa troupe peu nombreuse, il n'avait pu traverser les triples masses d'Égyptiens qui serraient vivement la place. Nous descendîmes ensemble jusques à Kosima; il nous y plaça cinquante hommes, et alla prendre position sur le mont Aracynthe. Il partagea sa troupe en deux corps; l'un garda la position du mont Aracynthe, et le plus fort alla s'embusquer sur le mont Zygos, tandis que plusieurs compagnies, répandues en tirailleurs, allaient, par de vives fusillades, provoquer les Arabes du côté du mont Aracynthe, afin d'ouvrir à la colonne qui était dans les gorges du mont Zygos une route plus facile pour tâcher d'arriver aux portes de Missolonghi. Ce plan d'attaque du général grec réussit jusqu'à un certain point: les Arabes accoururent de son côté, où la fusillade se faisait entendre; mais ils n'avaient dégarni que d'une seule masse leur corps d'armée devant les remparts; et quand la colonne grecque, qui voulait pénétrer dans la place, arriva à quelque distance des murs, elle aperçut deux haies d'Égyptiens, et une cavalerie nombreuse répandue sur leurs ailes. Que pouvaient faire trois cents hommes devant une masse d'au moins dix mille hommes? Après avoir attiré quelques cavaliers par leur fusillade, ils opérèrent, en traversant la forêt de Koudouni, leur retraite sur Kosima, où plusieurs blessés de Karaïskaki se trouvaient. Le général grec y arriva une heure après, poursuivi quelque temps par la cavalerie égyptienne. Là on se réunit, et on se retira sur Salone : deux Souliotes, sortis de Missolonghi la nuit dernière et porteurs de dépêches pour le gouvernement grec, venaient d'y arriver. « La place, « nous ont-ils dit, n'a pas de vivres pour au-delà « de quinze jours; on est réduit à tuer les derniers « chevaux. » Dix d'entre nous se détachèrent avec eux, et partirent pour Napoli de Romanie.

CHAPITRE VIII.

DÉSIRANT rejoindre le colonel Fabvier, parti pour l'Eubée, le 12 avril, je m'embarquai pour Athènes sur le brick *Pégase*, qui allait porter au Pirée quatre mille fusils et autant de vêtements militaires, envoyés par le comité grec de Paris, pour l'organisation de troupes régulières. Je me trouvais à bord de ce navire avec le capitaine *Dubourg*, ancien officier de la vieille armée, qui venait de quitter le dix-neuvième régiment de chasseurs à cheval, préférant aller faire la guerre de l'indépendance, plutôt que de végéter dans une garnison.

Poussés par un vent favorable, nous sortîmes rapidement du golfe d'Argos. Mais après avoir doublé l'île de Spezzia, un calme plat étant survenu, nous nous décidâmes à mouiller dans une anse à peu de distance d'Hydra. Nous restâmes un jour à y attendre un vent favorable. Nos matelots en profitèrent pour faire du bois, et nous pour aller avec le canot à la pêche, et pour faire d'agréables excursions dans les riantes campagnes qui bordent la mer. De belles plantations d'oliviers et de citronniers dans de fraîches prairies, nous offraient de doux ombrages contre les feux ardents du soleil. Par le plus grand des hasards, un navire grec vint mouiller à côté du nôtre, et acheva de nous faire passer agréablement le temps. Il mouillait dans la même baie que nous, et attendait un autre bâtiment afin de se rallier à la flotte d'Hydra, prête à faire voile pour aller ravitailler Missolonghi.

Quel plaisir fut le nôtre lorsque nous sûmes que c'était un brûlot d'Ipsara, à bord duquel se trouvait le vaillant Canaris. Nous allâmes aussitôt lui rendre visite; ce brave marin nous accueillit avec cette cordialité franche, cette bonhomie qui le caractérise. Nous éprouvions une joie mêlée d'orgueil, de pouvoir nous entretenir avec le plus vaillant homme de mer de notre époque. Il nous offrit ce qu'il possédait à son bord, du vin de l'Attique et de l'Archipel, du pain de maïs et des olives en abondance. Nous nous crûmes trop honorés d'accepter ce que nous offrait Canaris, et de boire dans sa propre coupe. Nous portâmes de longs toasts à la liberté de la Grèce, à la conduite héroïque de ses marins, et au comité grec de Paris, dont le souvenir est si cher à Canaris, qui venait d'en recevoir un hommage pour récompense de sa brillante valeur[1].

Après quelques coups de bon vin, il nous fit parcourir son brûlot. Nous trouvions un grand

[1] Le comité grec de Paris a envoyé à Canaris un cachet d'or, avec la légende de la liberté.

plaisir à examiner en détail toutes ses parties. Partout nous apercevions des amas de matières inflammables et des projectiles incendiaires; les cordages étaient couverts d'étoupes trempées dans un mélange de roche à feu, de salpêtre, d'huile, de camphre, de pétrole, de lin, d'esprit de vin. A la moindre étincelle, le feu se communiquait rapidement à toutes les parties du gréement par le moyen de conducteurs établis de l'entre-pont à ces cordages. Canaris nous montra le banc de quart où il se plaçait pour embraser son brûlot; c'était une espèce d'échafaudage placé près des fenêtres extérieurement, de manière que le canot pût avec l'équipage recevoir l'incendiaire au moment où celui-ci lâchait la fatale étincelle.

Satisfaits d'avoir trouvé l'occasion d'échanger notre amitié avec celle de Canaris, nous dîmes adieu à ce brave marin, et fîmes des vœux pour que la Providence lui continuât ses succès. Ayant aperçu un autre brûlot d'Ipsara, qui devait se rallier à son pavillon, il mit aussitôt à la voile, et nous eûmes le plaisir de voir son navire, poussé par un bon vent, filer rapidement sur les ondes.

Comme le vent ne s'était pas encore déclaré en notre faveur, nous attendîmes la brise du soir, qui ne manqua pas de s'élever, et nous levâmes l'ancre. Poussés doucement sur une mer paisible, nous passâmes devant Hydra, dont les maisons blanches, groupées en amphithéâtre, nous offraient une perspective admirable. Nous vîmes sortir encore de ses eaux plusieurs bâtiments qui allaient se rallier à la flotte mouillée à l'abri de Cérigo, pour de là se diriger sur Missolonghi.

Favorisés toute la nuit par une brise légère, nous dépassâmes l'île de Salamine, et nous aperçûmes, au lever brillant du soleil, le rocher de Psytalie. Nous jetâmes, en passant, des regards de tristesse sur cet écueil où se trouve le tombeau de Thémistocle, au pied duquel viennent expirer les flots mugissants de cette mer, témoin de sa brillante victoire sur les Barbares. Nous franchîmes bientôt après le détroit formé par les deux rochers où s'attachait la chaîne qui fermait le port, où s'élevait jadis une forêt de mâts.

Après deux jours et demi de la navigation la plus agréable, pendant laquelle nous éprouvâmes les émotions les plus douces et les plus variées, au milieu de cette mer semée d'îles, dont les tableaux délicieux varient sans cesse pour le navigateur, nous abordâmes au Pirée pleins d'une religieuse admiration. Quelques misérables barques et plusieurs caïques se balançaient dans ces eaux que des milliers de vaisseaux couvraient autrefois; et en ces lieux solitaires; un vaste et profond silence régnait sur la plage muette, pressée jadis par cent nations commerçantes.

Le capitaine Dubourg, M. Vitalis de Zante et moi, nous montâmes sur-le-champ des chevaux qui qui se trouvaient là, et prîmes la route d'Athènes, dont nous apercevions déja l'Acropole. Nous suivîmes l'antique chaussée où se voient encore les vestiges de cette fameuse muraille qui joignait la ville au Pirée. Ayant marché une demi-heure sur un terrain découvert, nous entrâmes dans une superbe forêt d'oliviers et de platanes, où les oiseaux n'ont point cessé de faire entendre leur doux chant, et les ruisseaux leur agréable murmure. Je croyais voir encore se promener sous ces beaux ombrages, Démosthènes, Socrate, Périclès, la voluptueuse Aspasie, qui joignait aux graces de la beauté celles de l'esprit, de la philosophie et des talents.

Après une heure et demie de marche, nous arrivâmes sur un légère éminence, et la triste Athènes s'offrit à notre vue avec ses ruines imposantes. A l'aspect de l'antique reine des cités, de la mère des sciences et des lois, le voyageur enchanté s'arrête dans l'extase, et des larmes abondantes de joie et de douleur s'échappent involontairement de ses yeux.

Nous entrâmes par la porte du Pirée, où un poste se trouvait établi. Nous demandâmes à être conduits à la demeure de M. le comte *Porro* de Milan, intendant militaire des troupes régulières. En pénétrant dans une grande rue où sont ouvertes quantité de boutiques, qui, croyant étaler leur luxe, n'étalent que leur misère, je croyais me trouver encore dans la fameuse rue du Céramique. Après avoir suivi plusieurs autres rues étroites et tortueuses, nous arrivâmes chez M. le comte Porro, qui occupait la maison de l'ancien gouverneur turc, située dans l'Agora.

Quelle joie fut la nôtre, en apercevant dans cette enceinte un bataillon de huit cents hommes, rangés en bataille, dont les armes brillantes étincelaient aux rayons du soleil; sous ce beau ciel d'Athènes, ravi sans doute d'un spectacle qu'il réclamait depuis tant de siècles! Ah! les ombres plaintives et gémissantes de Périclès, de Thémistocle, de Thrasybule, et de cete foule de héros qui criaient depuis long-temps vengeance, devaient être réjouies, au fond de leurs tombeaux, à ce cliquetis des armes, aux roulements de ces tambours, au bruit éclatant de ces trompettes et de cette musique guerrière que répétaient au loin les échos du mont Hymette.

Un bataillon de huit cents Hellènes, organisé aussi parfaitement qu'un bataillon français, manœuvrait sur l'Agora d'Athènes, et n'attendait qu'un ordre pour s'élancer vers les champs de bataille de Marathon, pareils aux soldats de Miltiade, en chantant l'hymne d'Harmodius et d'Aristogiton. Le commandement en était confié au chef de bataillon *Saulnier*, grec de nation, et qui avait servi dans les rangs français au temps où nous possédions les îles ioniennes. Plusieurs braves officiers de notre vieille armée, entre autres le capitaine *Mayer*, de Nancy, étaient chargés de l'instruction de ces Hellènes, qu'ils avaient, par leurs soins et leur activité, rendus dignes de manœuvrer avec autant de prestesse et d'ensemble que le premier bataillon français.

Le colonel *Fabvier* était parti pour attaquer l'île de Négrepont avec un autre bataillon semblable à celui-là, plus 150 chevaux et une compagnie d'artillerie. Il avait, le 5 du mois d'avril, opéré son débarquement à Carystos, ville forte, qui avait 600 hommes de garnison. Un troisième bataillon s'organisait; déja plusieurs compagnies étaient formées. De toutes parts les Hellènes accouraient s'enrôler avec joie. C'était un plaisir que de voir ces jeunes soldats s'exercer au maniement des armes; ils déployaient une adresse étonnante pour toutes les sortes d'exercice, et montraient en général une instruction beaucoup plus précoce que les soldats de notre vieille Europe.

Comme la nuit approchait, nous nous rendîmes chez M. le comte Porro, pour le prier de nous donner un logement. Il nous donna sur-le-champ un billet, et nous fit conduire chez nos hôtes par un homme de service. Le capitaine Dubourg et moi nous étions contents, nous avions notre billet de logement dans Athènes. Si nous ne devions plus aller loger chez Socrate ou chez Aristide, nous nous consolions du moins de trouver pour hôtes leurs nobles descendants. Nous fûmes logés chez des primats, dans de superbes maisons qui avaient chacune, dans leur enceinte, une belle fontaine et un jardin d'orangers. Nos hôtes se montrèrent fort généreux envers nous, et eurent tous les égards dus à des Français, qu'ils aiment beaucoup. Logé chez une famille fortunée, où se trouvaient trois jeunes Athéniennes fort aimables, mais un peu sauvages, comme toutes les femmes grecques, je puis dire que jamais je ne passai de mois plus agréable que celui pendant lequel je séjournai dans cette maison à Athènes.

La moderne Athènes embrasse une partie du territoire de l'ancienne; elle en occupe un assez vaste espace à cause de toutes les maisons turques qui ont chacune isolément leur verger et leurs dépendances. Ses rues, comme toutes celles des villes d'Orient, sont tortueuses, étroites et irrégulières. Un tumulte confus de voix, un bruit continuel d'armes, de pas d'hommes et de chevaux, ont remplacé le triste silence qui régnait dans son enceinte sous la domination du turban.

Athènes est toujours située dans la plus belle position qui soit au monde, dans une vaste plaine qu'arrosent les eaux pures et salubres du Céphise et de l'Ilissus, au pied fleuri du mont Hymette. Un superbe platane, comme dans toutes les villes de la Grèce, ombrage son Agora ou sa place publique. Des milliers de générations ont passé sur cette terre qui n'a pas changé. Sa nature est toujours aussi riante en ces lieux enchanteurs; un printemps éternel parcourt, comme autrefois, en vainqueur, les riantes campagnes d'Athènes. L'abeille bourdonne toujours au sommet de l'Hymette, et l'oiseau de Minerve fait encore entendre ses lugubres chants sous ce beau ciel, où on ne connaît point les rigueurs de nos hivers, ni les pluies de nos automnes; où les chaleurs même sont tempérées par l'agrément des bois, la fraîcheur des fontaines, et l'abondance des fruits sains et rafraîchissants.

Cette antique métropole des arts offre partout des traces de son antique splendeur. Toutes les maisons de la ville sont construites avec les débris de l'ancienne. Des colonnes entières, ou tronquées, ou mutilées, de marbre éclatant de Paros, servent de supports aux constructions modernes. La plupart des degrés qui sont dans les maisons turques sont ces mêmes degrés qui décoraient les palais des rois et les temples des dieux. La maison de M. Fauvel, vice-consul de France, qui, depuis trente années, exploite la mine inépuisable des antiquités d'Athènes, est bâtie tout entière des débris des palais de Périclès et d'Aspasie, et renferme quantité de marbres chargés d'inscriptions, et une foule d'objets intéressants les plus riches et les plus précieux.

Le peuple athénien, hormis quelques usages turcs qu'il a empruntés à ses maîtres, est, à peu de différence près, le même qu'autrefois. On y rencontre le caractère de plus d'un *Alcibiade*. Inconstant et frivole, astucieux et rusé, aimant à l'excès les plaisirs, avide d'instruction, il passe une partie du temps dans les cafés et les bazars, aime beaucoup la danse, le jeu, les spectacles et les fêtes, et ne songe au danger que lorsqu'il est sous ses pas. Brave d'ailleurs, tressaillant au bruit du tambour ou de la trompette guerrière, et toujours prêt à voler au combat.

On voit avec douleur dans la ville qui a civilisé le monde, deux modestes presses, d'où sortent un journal et quelques brochures. Deux écoles à la Lancastre y sont établies dans deux anciennes mosquées, l'une pour le sexe, l'autre pour les jeunes garçons; des archimandrites, remplis d'instruction, les dirigent avec beaucoup de zèle: elles sont toutes deux fort nombreuses. Celle des garçons compte plus de deux cents élèves.

C'est un spectacle bien intéressant que de voir cette foule de jeunes Athéniens, avides à l'excès de connaissances, attentifs sur leurs bancs, s'éclairant mutuellement, et semblant vouloir réparer par leur zèle quatre siècles d'ignorance.

Le comité philhellénique de Paris envoya plusieurs caisses de livres pour être distribués aux écoles de la Grèce, dont elles sont entièrement dénuées. Celles d'Athènes eurent leur part. Je me trouvais présent lorsqu'on en fit la distribution aux élèves. Il était vraiment pénible d'être témoin de cette scène qui fut un jour de fête pour les uns et d'affliction pour les autres.

Les jeunes Athéniens qui avaient reçu des livres étaient au comble de la joie, tandis que plus des deux tiers de leurs condisciples qui n'en avaient pas, puisque le nombre était épuisé, fondaient en larmes. Combien on eût désiré, en ce moment, être possesseur d'une partie de cette multitude de livres qui dorment en France dans la poussière, afin de pouvoir contenter cette intéressante jeunesse!

A considérer cette vaillante génération nouvelle, commençant l'ère de l'indépendance, *pleurant pour avoir des livres*, nul doute que la Grèce régénérée, après avoir achevé la plus noble des conquêtes, celle de la liberté, ne poursuive, aussitôt après, celle non moins importante de la philosophie et des lumières.

Pendant mon séjour à Athènes, je profitais du court silence des armes pour visiter en détail ses ruines imposantes, et les restes de ses monuments fameux, vieux témoins de son antique splendeur. Je courais sans cesse, avec une curiosité dévorante, du Parthénon au magnifique temple de Thésée, échappé tout entier aux ravages du temps et des Barbares; du temple d'Éole au temple de Jupiter Olympien; du Pnyx à la colline de l'Aréopage; de la prison de Socrate au monument du Syrien Philopapus, aux superbes colonnes, encore debout, du Panthéon d'Adrien, aux tombeaux de Périclès, de Thrasybule, et dans la belle forêt d'oliviers et de citronniers qui remplace les jardins où Socrate et Platon philosophaient au milieu des bosquets d'Académe, et que le Céphise, de rivière rapide et profonde, devenu modeste ruisseau, arrose toujours de ses eaux limpides.

Accourus de l'Occident à la voix du malheur, et venus sur le territoire de la Grèce, uniquement pour y combattre pour son indépendance, loin de nous la prétention de vouloir glaner dans le vaste champ des antiquités, où déja tant d'illustres et savants voyageurs, affrontant la barbarie musulmane, sont venus faire de si abondantes moissons. Mais on pardonnera à cet égard de courtes digressions, à celui qui, enthousiaste des beaux temps de la Grèce, est récemment sorti des écoles où l'éducation de la jeunesse est dirigée en partie vers la savante Athènes.

Tous les jours je répétais d'agréables excursions aux environs de cette antique métropole des arts. J'aimais à visiter le village de Colone, terre natale de Sophocle, et les lieux, aujourd'hui dépouillés, qu'ombrageait autrefois la forêt sacrée des Euménides. Souvent, absorbé dans une mélancolie profonde, j'aimais à me promener seul et pensif sous de superbes platanes, répandus dans la fraîche vallée qui est entre l'Ilissus et l'Hymette. Je poussais ma promenade jusqu'à l'habitation d'un vieux Athénien, qui rappelait un vieillard des temps antiques, et qui, malgré le bruit des armes, cultivait en paix son modeste domaine. Trois de ses fils étaient morts dans les combats, un quatrième servait dans les troupes du Stratarque Gouras. Ce vieillard paraissait consolé; il venait de racheter deux de ses filles, qui, lors du massacre de Scio, où elles demeuraient, avaient été traînées dans les bazars de Smyrne, et vendues à des marchands turcs d'Andrinople.

Tantôt je gravissais jusqu'au sommet de l'Hymette, et me rafraîchissais du doux miel des abeilles de l'illustre montagne chez de pauvres religieux qui ont établi là leur demeure, dont la vue se promène au loin sur les Cyclades, semées comme par enchantement sur les eaux brillantes de la mer Égée. Tantôt j'étendais mes courses jusqu'au cap Sunium, qui rappelle de si beaux souvenirs. Sous un ciel brillant d'étoiles, au bruit des flots de l'Égée qui venaient mourir sur le rivage, assis entre les colonnes et au milieu des ruines du temple de Minerve Sunia, il me semblait entendre encore le divin Platon [1] enchaînant par son éloquence une multitude enchantée.

Mais je n'éprouvais jamais plus de plaisir qu'en allant me promener dans les champs de Marathon, éloignés de six lieues d'Athènes. Je foulais enfin cette plaine fameuse que tant de fois j'avais parcourue dans mon esprit. Je me représentais encore ces trois cent mille Barbares se dissipant devant dix mille Grecs comme des brouillards épais au lever du soleil. Ah! me disais-je, c'est la supériorité de la valeur et non pas celle du nombre qui décide du sort des batailles. Là j'ai cru voir les ombres plaintives et gémissantes des guerriers qui ont abreuvé de leur sang ces campagnes, sortir de la poudre des sillons, ivres d'allégresse et de

1 C'est au cap Sunium que Platon avait ouvert un cours de philosophie.

vengeance à la vue de leurs nobles descendants, agitant en leurs mains le poignard fatal aux tyrans.

Pendant mon séjour à Athènes, j'aimais aussi, au milieu de ces nuits brillantes si communes dans la Grèce, à me transporter au superbe temple de Thésée, situé sur une éminence d'où la vue se promène au loin sur la ville, sur ses ruines et ses campagnes. Assis sur un des degrés du péristyle, où souvent me surprit le sommeil, les yeux attachés sur les ruines, je m'abandonnais à une rêverie profonde.

L'histoire des temps passés venait profondément affliger mon esprit. J'entendais une voix plaintive et gémissante qui retentissait dans le désert. C'était celle d'Athènes désolée qui pleurait sa grandeur passée, son antique opulence. Je me rappelais cette population nombreuse, forte de ses lumières, affluant sur cette terre antique où florissait le génie des sciences, des arts et des lettres, aux rayons purs de la vertu et de la liberté. J'interrogeais la ville de Minerve, cette superbe Athènes aux cent palais, métropole du commerce et des arts; je lui demandais à voir ses temples, ses somptueux édifices, ses riches monuments, ses nombreuses fontaines, et le peuple immense qui se pressait dans ses rues et sur ses places publiques; et Athènes me présentait un vaste désert et des ruines, mais des ruines imposantes qui attestaient encore son antique splendeur.

Où sont donc, me disais-je, ces murailles fameuses qui unissaient la ville au Pirée? Qu'est devenue cette multitude de commerçants qui allaient et venaient sans cesse du port à la ville? Hélas! un vaste silence règne dans cette Athènes qui vit danser l'univers à ses fêtes, et l'herbe des tombeaux croît aux lieux où jadis affluait un peuple innombrable! Ses temples, ses palais magnifiques, sont réduits en poudre; ses nombreux vaisseaux ne couvrent plus les mers, et n'apportent plus dans son sein tout l'or et les produits des nations! Tout donc a disparu, la capitale et ses citoyens; le gouffre a tout dévoré, les cadavres des hommes comme ceux des villes, et la charrue trace de pénibles sillons aux lieux où tant de monuments orgueilleux élevaient leur tête altière.

Mais je m'arrêtais soudain à la pensée qu'Athènes pouvait renaître de ses ruines, dépouiller les vestiges d'une longue barbarie, et devenir de nouveau l'école des nations. Je sentais se dissiper ma tristesse en voyant ses enfants ivres de vengeance voler dans les combats, et secouer à l'envi le joug de la servitude.

Néanmoins je me disais : Pourquoi ces vicissitudes, ces révolutions continuelles, dont la main vengeresse du temps frappe les empires? Pourquoi ces terres jadis si populeuses sont-elles converties en ruines et en solitudes? Pourquoi les jouissances de cette nation ont-elles reflué dans nos contrées, qui jadis n'étaient couvertes que de forêts et peuplées de bêtes sauvages? Quelle est la cause de ces transmigrations étonnantes? quelle en est l'origine? quelle en est la source?

Ah! c'est l'esprit de fanatisme et de conquête qui a opéré toutes ces révolutions! ce sont la cupidité et l'ignorance qui ont enfanté tant de malheurs. Oui, jeune homme, et crois-en la voix des tombeaux et des ruines! Combien serait encore florissante cette république d'Athènes, fondée d'abord sur la vertu, la liberté, fondement de tout édifice social, qui produisit elle seule autant de grands hommes que toutes les monarchies ensemble, si les arts, le commerce, l'agriculture, eussent continué à y être encouragés à l'ombre de la paix, et en eussent écarté l'oisiveté, l'ignorance, la misère! Combien serait brillante la splendeur du peuple athénien, s'il eût voulu éteindre cette soif d'or et d'ambition qui le dévorait sourdement! L'état où s'introduit le luxe, ennemi de la tempérance, marche à grands pas vers sa chute : toute nation trouve son tombeau dans les richesses qu'elle entasse.

Ah! si tel fut le triste destin de cette république florissante qui, vaincue par les armes romaines, triompha à son tour de ses farouches vainqueurs par ses arts et sa civilisation polie; quel sera le destin de notre Europe, si, possédée de l'esprit de fanatisme et de conquête, ces deux fléaux qui ont désolé le globe exercent de plus en plus sur elle leur fatale influence!

Jadis la surface de la terre s'enorgueillissait des cités de l'Asie, de l'Afrique, de la Grèce et de l'Ausonie, et maintenant les richesses de tous ces climats regorgent dans nos contrées. Il semble que la Providence se joue ici-bas des empires, et que successivement ils viennent se briser contre les écueils du temps qui détruit tout dans sa course.

L'Europe, l'école moderne de la civilisation, qui ne présente qu'un vaste foyer de lumières, où règnent en vainqueurs les sciences et les arts, où les campagnes sont partout couvertes de riches moissons, où abondent les productions de toutes les parties du monde, des colonies même les plus lointaines, au lieu de cet essaim de cités industrieuses et vivantes, n'offrira peut-être plus un jour que des ruines éparses, de pauvres peuplades errantes sur un sol avare; et ses orgueilleuses capitales, comme ces cités fameuses de la Syrie et de la Grèce, de tristes bourgades, de misérables hameaux.

CHAPITRE IX.

Expédition du colonel Fabvier en Eubée.

Depuis long-temps le colonel Fabvier désirait s'emparer de l'Eubée, convaincu que cette île étendue, riche, approvisionnée, hérissée de places fortes, est la véritable clef de l'Attique. Il voulait par tous moyens arrêter les ravages des Turcs des villes de Carystos et de Négrepont, qui sans cesse venaient fourrager dans les campagnes de Marathon, et même jusqu'aux portes d'Athènes.

En conséquence il résolut de s'emparer de l'Eubée, et partit d'Athènes dans les premiers jours d'avril, à la tête de sa brigade, composée de huit cents hommes, de cent cinquante chevaux, commandés par M. Regnaud de Saint-Jean d'Angély, et d'une compagnie d'artillerie, sous les ordres du capitaine Calergi, de l'île de Crète.

Le jour de son départ, il alla camper à Marcopoulo, village situé à peu de distance de la plaine de Marathon; le lendemain, il passa le canal d'Eubée, puis débarqua, le 5 avril, devant la ville de Carystos, défendue par six cents hommes. Après un léger combat, les Turcs, poussés vivement par les Hellènes, coururent se renfermer dans la ville et dans la citadelle. Les Grecs, encouragés par ce premier succès, environnent aussitôt Carystos, et en demandent l'assaut à grands cris. Le colonel Fabvier, reconnaissant la forte position de la citadelle, cherche à contenir l'impétuosité de ses jeunes soldats; mais c'est en vain, les cris répétés d'assaut couvrent sa voix, et retentissent dans tous les rangs.

Le colonel, partageant leur enthousiasme, obéit à leur ardeur belliqueuse, et ordonne d'attaquer. Aussitôt les Hellènes serrés en ligne s'avancent à la baïonnette, pénètrent dans une partie de la ville, malgré les balles et les projectiles de toute espèce qu'on fait pleuvoir sur eux du haut des maisons. Ils tiennent fortement leurs positions, quoique maltraités par le canon de la citadelle, auquel répondent quelques pièces de campagne qu'ils possèdent, et qui ne sont pas de calibre pour un siége. Un brave, envoyé par le comité grec de Paris, Gindre, sous-officier français de l'artillerie de la vieille garde, pointa si justement une pièce, que le boulet alla couper en deux un gros Musulman, qui semblait être un *ouléma*, et qui, avec une longue-vue, examinait l'affaire du haut de sa galerie.

Pendant que s'échange des deux côtés le feu le plus meurtrier, tout-à-coup le colonel Fabvier reçoit la fatale nouvelle qu'une brigade turque, sortie de Négrepont, vole au secours de Carystos. Sa position devient critique, quinze cents Ottomans s'avancent, et quatre cents hommes d'une cavalerie d'élite les précèdent.

Si les Hellènes ne s'empressent de se retrancher, ils vont être pris entre deux feux; le moment est critique : le colonel ordonne la retraite, se retire au bord de la mer, où il prend position, et attend l'ennemi. Là il se croit en sûreté; ce qu'il redoutait devant Carystos, c'était l'interception de ses vivres; ici il est à portée d'en recevoir abondamment des barques nombreuses qui ne cessent d'en transporter.

Mais malgré toutes les sages précautions de leur commandant, les Hellènes vont éprouver à la fois et les tourments de la faim et les assauts d'un ennemi nombreux. Dans ce funeste moment, arriva près du colonel Fabvier M. Piscatory, qui venait lui annoncer l'expédition envoyée par le comité grec de Paris, dont faisaient partie vingt-six officiers et sous-officiers, qui campaient de l'autre côté du détroit, prêts à le rejoindre.

A la nouvelle de l'invasion de l'Eubée, seize voiles de guerre, où flottent l'étendard du croissant, forcent de voiles pour secourir Carystos. Les modestes bateaux grecs, apprenant que seize citadelles flottantes se dirigent sur eux, fuient des parages devenus dangereux, où ils ne pourront plus aborder désormais pour débarquer les subsistances qu'ils ont coutume d'apporter la veille.

Dans cette fâcheuse expédition, le colonel expédie sur-le-champ un courrier à Athènes pour demander des forces navales. La commission ipsariote, qui se trouve à Égine, informée de cet événement, met en mer trois bricks de guerre et une goëlette chargée de provisions. L'amirauté d'Hydra est bientôt instruite aussi de la cruelle position des troupes régulières, et aussitôt deux de ses navires se dirigent sur l'Eubée. Cinq bâtiments, partis en même temps des eaux de Syra, se dirigent sur Négrepont.

Nous manquerions ici au plus saint de nos devoirs si nous refusions de payer un tribut de louanges au cœur sensible et généreux du contre-amiral de Rigny, qui commande les forces navales de la France dans les mers du Levant. Le noble pavillon des lis est toujours prêt à se déployer sur ces mers ensanglantées, au signal de salut et de miséricorde. Ce brave et loyal officier de notre marine, instruit un des premiers de la détresse où se trouvait le colonel Fabvier, son compatriote, son ami, né comme lui aux bords enchanteurs de la Moselle, s'empressa d'en avertir le capitaine Apostoli, commandant les navires d'Ipsara, complétant sa générosité en lui donnant quelques caisses de biscuit.

Dans la pénible attente des secours de leurs compatriotes, les malheureux Hellènes ont à combattre et leurs farouches adversaires, et un ennemi beaucoup plus terrible, la faim, la dévorante faim. Les uns sont réduits à manger des citrons qu'ils vont dérober, d'autres des végétaux et des herbages qu'ils font bouillir, et un grand nombre de tortues qui pullulent sur le rivage et à travers les rochers.

L'orgueil, la joie, l'abondance, sont dans le camp des Turcs; la tristesse, le dénûment et la famine dans le camp des Hellènes. Mais ici vont cesser leurs souffrances : le pavillon grec est au loin aperçu sur la mer; Apostoli et les bâtiments qui l'accompagnent ont tiré leur canon. Les Hellènes sont au comble de la joie, ils renaissent à la vie. Les bâtiments désirés débarquent des provisions en abondance; distribution en est faite sur-le-champ à cette foule d'affamés.

Les navires d'Hydra et de Syra arrivent en même temps, et répandent parmi les Hellènes une triple abondance. Un combat s'engage bientôt entre les bâtiments grecs et la flotte turque. Celle-ci, vivement poussée, vire au bord, force de voiles, double le cap Iathada, et s'enfonce dans le golfe de Volo, où la tiennent quelque temps bloquée les Hellènes, dont les navires trop peu nombreux laissent échapper les vaisseaux ottomans, qui s'enfoncent dans le golfe de Salonique, où ils se réfugient.

La position alarmante où se trouvaient les Grecs avant l'arrivée de leurs bâtiments, avait engagé le colonel Fabvier à tenir un conseil de guerre, où il fut résolu que l'on passerait à l'île d'Andros, voisine de l'Eubée. Mais, à la vue des forces navales, de l'abondance des vivres et des munitions, et d'un renfort de troupes irrégulières, amené par les capitaines Vaso et Chrisiotis, on ne songea plus qu'à reprendre l'offensive.

Le colonel Fabvier aussitôt donne ses ordres, dispose sa modeste brigade, parcourt les rangs, et encourage le soldat par la voix et par l'exemple. Le commandant Regnaud de Saint-Jean d'Angély, avec sa cavalerie, se prépare au combat; l'artillerie est placée sur une éminence, prête à faire feu. Mais un désastre se prépare : de jeunes officiers grecs, commandant des grand'gardes, ont abandonné leur poste, et se sont égarés dans la campagne; leurs soldats les ont suivis; personne n'éclaire plus le colonel et sa brigade.

Bientôt débouche sur tous les points la cavalerie ottomane, qui s'avance au galop, suivie d'une infanterie nombreuse, aux cris répétés d'*Allah* et de *Mahomet;* le farouche Omer Brionès, pacha de l'Eubée, conduit ces hordes féroces.

Le colonel Fabvier n'attend pas le choc de cette masse, il fait avancer; les tambours battent la charge, une fusillade meurtrière s'engage de toutes parts. Les Hellènes, un moment électrisés, s'avancent à la baïonnette, lorsque soudain accablés par le nombre, tournés et coupés, ils opèrent une retraite qui se change en déroute.

La cavalerie musulmane, qui compte quatre cents chevaux, se précipite avec fureur sur la cavalerie grecque, forte de cent cinquante. Celle-ci reçoit tout entier le choc de la première; elle est jetée dans un ravin, et s'enfuit à bride abattue : un grand nombre de cavaliers grecs tombent sous le cimeterre ottoman ; plusieurs, renversés de leurs chevaux, voient aussitôt leur tête servir de trophée à un vainqueur glorieux d'en retirer une récompense de cinquante piastres.

Le commandant Regnaud de Saint-Jean d'Angély est entouré par un gros de cavaliers turcs ; ce brave Philhellène français a déchargé tous ses coups de feu ; il saisit son sabre, et, aidé de quelques-uns de ses compatriotes qui arrivent, il parvient à se faire jour et à regagner les siens.

Infanterie, cavalerie, artillerie, s'enfuient en désordre. C'est en vain que le colonel Fabvier, resté seul sur le champ de bataille avec plusieurs officiers, les rappelle et de la voix et du geste, et cherche à les rallier et les reconduire à la charge : la voix de l'illustre Philhellène n'est plus entendue ; le bruit effrayant de la marche des Turcs redouble aux oreilles des Grecs, qui se précipitent vers le rivage, aperçoivent leurs bâtiments, courent à bord, et font voile pour l'île de Ténos.

La perte fut à peu près égale des deux côtés. Les Hellènes eurent cent hommes tués et autant de blessés. Mais la perte la plus sensible fut celle du brave Philhellène français *Barandier*, ancien officier de la vieille garde. Atteint d'une balle au bras, on fut obligé de lui faire l'amputation à l'île de *Zéa* ; mais ayant été mal opéré, ce brave, digne d'un meilleur sort, regarda d'un œil ferme son sang arroser la terre, et se vit mourir.

On a voulu rejeter les désastres de l'Eubée sur le colonel Fabvier. Ces voix que seules faisaient parler la haine et l'envie, eussent certainement gardé le silence, si le colonel se fût rendu maître de cette île importante. Des circonstances fâcheuses ont amené cette déroute, qui ne doit nullement étonner, lorsqu'on réfléchit que les Hellènes, tous jeunes soldats, en nombre bien inférieur, allaient au feu pour la première fois, et se battaient en ligne, contre la coutume du pays, et qu'enfin, ils avaient affaire aux Turcs de l'Eubée, qui passent en général pour les meilleurs soldats de l'empire ottoman.

Si l'on n'accuse pas le colonel Fabvier de la fuite de ses soldats devant des forces supérieures, on l'accuse d'avoir tenté une expédition sur l'île d'Eubée: La Grèce occidentale est partout envahie, disent ses accusateurs; dix mille Arabes commandés par Ibrahim, six mille Albanais sous les ordres de Kourchid, cernent de près Missolonghi réduit aux abois, et l'on prend l'offensive dans la Grèce orientale!

Oui, le colonel Fabvier prend l'offensive dans cette partie de la Grèce; le colonel marche à la conquête de l'Eubée, et justement, et avec une tactique savante.

Par les raisons que vous avancez, que dix mille Arabes, que six mille Albanais couvrent les campagnes de l'Étolie, le colonel pouvait-il, avec tout au plus deux mille jeunes soldats qu'il pouvait réunir; dans un dénûment complet d'argent, de vivres, de munitions de toute espèce, traverser soixante lieues de chemin dans les gorges du Péloponèse, à travers des montagnes escarpées, des sentiers difficiles et rocailleux, pour aller attaquer seize mille hommes cencentrés sur un même point? Sa marche sur l'Eubée n'était-elle pas plus facile? il n'en était qu'à une faible journée de distance, et cette île bien approvisionnée présentait un riche butin, de l'argent pour la solde des troupes; en un mot, cette île fût-elle nue, elle est la clef de l'Attique, et de sa possession dépend le salut d'Athènes.

L'affranchissement de la Grèce sera toujours incomplet, tant qu'on ne la possédera pas. Aussi le colonel Fabvier, en se portant sur l'Eubée, se rappelait sans doute cet ancien proverbe de Philippe de Macédoine, *que celui qui est maître de l'Eubée est maître de l'Attique*; ὅτι ο αρχων τῆς Ευβοιας ἄρχει τῆς Ελλαδος.

D'ailleurs ce guerrier, qui, à vingt ans, déja décoré du signe des braves, encore jeune officier d'artillerie au sanglant combat de *Dnierstein*, deux jours avant la bataille d'Austerlitz, renversa toute la tête d'une colonne russe et le général *Smith*, qui la commandait; cet aide-de-camp de Marmont, que, du champ de bataille des Aropiles, on vit arriver sur celui de la Moskowa, comme pour représenter l'armée d'Espagne à l'armée du Nord;

qui marcha sur les glaces de la Bérésina, et qui combat aujourd'hui sous le soleil ardent de la Grèce; ce guerrier enfin, que nous, voyageurs aux terres de la Hellade, nous avons vu camper à Marathon, et dont les brillants faits d'armes embellissent l'histoire de nos conquêtes, le colonel Fabvier de Nancy, n'était point neuf dans l'art de la guerre.

La cavalerie et l'artillerie, de retour de l'Eubée, étaient rentrées à Athènes pour continuer leur organisation. Le bataillon se trouvait à l'île de Ténos, ainsi que le colonel Fabvier. C'est là qu'un coup de fusil, parti des mains d'un rebelle, frappa d'un coup mortel le commandant grec Stéphano, qui, par la sévérité de sa discipline, ne s'était pas, dit-on, concilié l'amitié de ses soldats.

Le bataillon, après un court séjour dans cette île, revint à Athènes, où il se remit au complet, et reçut les vêtements militaires envoyés par le comité grec de Paris. Le colonel Fabvier reçut l'avertissement de se rendre de Ténos à Épidaure, où était convoquée une assemblée nationale.

CHAPITRE X.

Désirant assister au congrès national réuni à Épidaure, je partis d'Athènes, non sans un vif regret. J'allai au Pirée noliser un bateau, qui me conduisit à Salamine, ainsi que plusieurs marchands grecs de Smyrne, qui se rendaient à Napoli de Romanie.

Nous arrivâmes, dans l'après-midi, à Salamine, aujourd'hui Colouri. Une population nombreuse affluait dans les rues et sur la rive de la mer, qui vit triompher Thémistocle. Un grand nombre de réfugiés de l'Attique abondait dans cette île. Une multitude de cabanes couvraient le revers d'une montagne hérissée de rochers, et se prolongeaient au loin sur le bord de la mer. La misère était à son comble parmi ces familles désolées qui traînaient leur misérable existence dans ces demeures insalubres.

Sur le soir, nous nolisâmes un autre bateau pour nous conduire directement à Égine, qui est en face d'Épidaure. Profitant de la brise du soir, nous mîmes à la voile et perdîmes de vue Salamine, qui nous offrait de la mer un coup d'œil enchanteur. Poussés doucement sur une mer tranquille, qu'éclairait au loin l'astre de la nuit, la plupart d'entre nous rêvaient ou dormaient au bruit harmonieux et cadencé des rames. Nous côtoyions les campagnes de la Mégaride, quand tout-à-coup un mystic, espèce de grosse barque, sortant d'une anse voisine où il se tenait caché, gouverne droit sur nous, en nous criant : « Arrêtez ! » Notre caravokiri, ou patron de bateau, fait forcer de rames, nous avertit d'être sur nos gardes, que des pirates nous poursuivent. Effrayés, nous nous réveillons en sursaut, et jetant un regard derrière nous, nous apercevons en effet une barque sillonnant rapidement la mer qui écume au loin sous de nombreux avirons, sur lesquels se courbent à l'envi une vingtaine d'hommes. Nous nous mettons tous à la rame, faisant force d'efforts pour échapper à nos avides sectateurs. Les marchands qui sont avec nous, qui possèdent de l'argent, des effets qu'on a vu embarquer à Salamine, veulent absolument accoster la terre et se sauver à Mégare, qui n'est qu'à une faible distance. D'autres parmi nous qui n'avaient rien, indifférents et dans un calme parfait, s'y refusent, veulent qu'on tienne la mer et qu'on force de rames. Nous nous soumettons à leur volonté, et on gouverne pour aborder à terre.

Épuisés, fatigués, nous ne ramions plus avec force. La fatale barque est près de nous toucher; déja elle nous frappe de ses avirons : nous redoublons d'efforts; encore cinq ou six coups de rames, nous étions à terre, quand tout-à-coup une troupe d'hommes armés se jettent dans notre bateau. « Tout est à nous, » disent-ils; et en même temps ils cherchent, fouillent, et tombent sur tout notre butin. Assis à la poupe, tenant caché derrière moi mon petit paquet, je me jette dans l'eau jusqu'à la ceinture, et m'échappe à toutes jambes à travers les campagnes de Mégare.

Plusieurs pirates quelque temps me poursuivirent; j'entendais derrière moi le bruit de leurs pas; mais désespérant de ma course rapide sur un élément qui n'était plus le leur, ils abandonnèrent leur poursuite. Épuisé de fatigue, et sentant le besoin d'un sommeil réparateur, je me couchai dans un champ d'orge, en attendant le jour.

Je me remis en route avec l'aurore, et entrai à Mégare. Je parcourus cette ancienne ville, qui n'offre plus qu'une chétive bourgade, mais dans une position enchanteresse. Avant d'en partir, je fus témoin d'une scène assez déplorable. Un chef de bandes s'y trouvait avec ses soldats : averti que l'un d'eux se livre à d'affreux excès, qu'il commet dans une maison voisine d'horribles violences, il y court sur-le-champ, aperçoit le soldat furieux, et d'une main saisissant sa tête par les cheveux, et de l'autre son yatagan, il l'abat d'un seul coup, la montre toute sanglante à ses Palicares, en disant : « Voilà le sort réservé à de pareils forcenés, » et en même temps il la jette sur la poussière. Parmi les Hellènes, point de conseil de guerre; le coupable atteint, justice en est faite sur-le-champ.

Je quittai Mégare et pris le chemin de Corinthe, en passant par le Dervend, défilé fameux où trois ans auparavant des milliers de Barbares tombèrent sous les coups des braves soldats de Nicétas et de Colocotroni. Après une journée de marche dans l'isthme, j'arrivai à Corinthe, toujours agréablement située au pied d'une montagne où s'élève sa fameuse citadelle.

Un vaste silence, que troublaient seuls les flots de la mer de Saronique et de Crissa, régnait dans ses rues solitaires et dans la vaste plaine où se célébraient jadis les jeux isthmiques. Il ne restait plus que quelques maisons isolées qu'avaient épargnées la flamme et les ravages de la guerre. Avide de trouver des restes de son antique existence, je ne rencontrai que sept colonnes, encore debout, d'un temple d'Apollon, dont l'architecture massive et grossière semble remonter à l'enfance de l'art.

Pour compléter ma curiosité, je gravis le sentier rude et difficile qui conduit à la citadelle. C'est un rocher à pic, élevé de dix-huit cents pieds au-dessus du niveau de la mer. Cette citadelle est si forte, que la famine peut seule la faire succomber. Parvenu à son sommet, j'eus le plaisir de pouvoir calmer ma soif dans les eaux fraîches et limpides de la fameuse source Pirène, que, selon la fable, fit jaillir le cheval Pégase.

C'est de cette région élevée que le voyageur embrasse cet immense horizon qui lui retrace de si beaux souvenirs. Du côté du midi, la vue se promène avec enchantement sur les riantes campagne de l'Argolide, sur les sommets du Stymphale, de l'Artémisius, et sur ceux qui dominent la forêt de Némée; à l'ouest, sur le golfe des Alcyons, sur les campagnes de Sicyone; au nord, elle distingue les sommets lointains du Parnasse et de l'Hélicon; à l'orient, l'île d'Égine, Salamine, les plaines de la Mégaride, et au-delà, les champs de l'Attique, Éleusis, le Parthénon, le promontoire de Sunium, et les îles nombreuses répandues sur la mer de Myrtos.

C'est avec une sorte d'orgueil que je jouissais pendant des heures entières de ce spectacle imposant, si fécond en glorieux souvenirs. Une foule de réflexions venaient naturellement assiéger l'esprit du voyageur, au sommet de ce rocher, témoin impassible de tant de révolutions, qui vit l'industrieuse Corinthe couvrir la mer de ses vaisseaux et devenir l'entrepôt du commerce de l'Asie et de l'Europe; et successivement détruite et entièrement rasée par le consul romain Lucius Mummius, et rebâtie plus tard pour tomber dans les chaînes des Mahométans.

Avant de quitter Corinthe pour Épidaure, j'allai voir M. Panaïoti, jeune Grec que j'avais fort connu à Napoli de Romanie, et qui m'avait engagé à venir le voir au sein de sa famille, qui est une des premières de Corinthe. Je reçus dans cette honnête maison l'hospitalité la plus touchante, et fus accablé de politesses. Ces braves gens voulurent me retenir parmi eux, et exigèrent toutefois que je restasse pour le jour suivant qui était un jour de fête. J'accédai facilement à leurs désirs, et j'y passai deux agréables journées.

On célébra avec pompe le jour de la fête, et, aux divertissements nombreux qui s'y firent, on eût cru se trouver encore aux beaux jours de Corinthe. J'assistai à un festin où s'étaient réunis un grand nombre de convives. Les mets les plus recherchés du pays y furent servis avec abondance. Les doux vins de l'archipel, et ceux du continent, pétillaient successivement dans nos coupes.

Après le repas, nous allâmes partager les plaisirs d'un essaim de jeunes beautés corinthiennes, qui dansaient dans une prairie voisine, sous d'épais ombrages, au bord de la mer de Crissa. C'est là que je vis exécuter la *Roméca*, cette danse voluptueuse si répandue dans la Grèce, et si bien décrite dans un ouvrage immortel, par un des plus fervents adorateurs de ces beaux climats, par M. le comte de *Choiseul Gouffier*, « ce digne et fidèle amant de tous les beaux souvenirs, dit l'éloquent écrivain de Lascaris, *parcourant plein d'une religieuse douleur le territoire asservi du Péloponèse, remuant tous les débris, interrogeant toutes les ruines, sans négliger la population moderne qui est elle-même une ruine vivante et glorieuse de la Grèce antique.* »

Les jeunes filles de Corinthe, l'ame remplie

d'une douce ivresse, exécutaient habilement cette danse vive et légère qui remonte aux premiers âges de la Grèce, et qui n'est pas sans charmes. Je me retirai, après quelques heures, avec M. Panaïoti, et laissai sur la pelouse, aux feux brillants de la lune, se divertir jusque bien avant dans la nuit. Ces vierges ingénues me rappelaient ces beautés naïves que faisait naître sous un ciel riant l'influence d'une société vierge encore.

Le lendemain au lever du jour, M. Panaïoti et moi, nous montâmes à cheval, et prîmes le chemin d'Épidaure. Nous entrâmes dans des champs couverts de lauriers-roses fleuris, et traversâmes d'immenses vignobles dévastés. Arrivés à Mycènes, nous mîmes pied à terre pour nous rafraîchir. Je profitai de ce moment pour parcourir le village qui remplace cette ville autrefois si célèbre. Le temps avait tout dévoré; pas un débris ne venait consoler le voyageur. Mon compagnon put seulement me montrer l'endroit où se trouvaient les tombeaux d'Oreste et d'Électre. Une heure après nous remontâmes à cheval, traversâmes le village de Ligourio, et arrivâmes à Épidaure, lieu à jamais célèbre dans les annales de la Grèce.

On reconnaît toujours le territoire d'Épidaure à sa situation romantique, au fond d'un golfe, au milieu de montagnes couvertes de chênes, dominées par des rochers qui semblent se perdre dans les nues. Nous traversâmes la forêt sacrée d'Esculape, et après deux heures de marche, nous arrivâmes au village de Piada, où se tenait le congrès national.

J'allai sur-le-champ voir le colonel Fabvier, qui fut fort content de voir arriver à Épidaure un enfant des Vosges, qui lui rappelait de si près sa terre natale, et tout ensemble sa vieille mère et son honorable frère, l'honneur du barreau de Nancy. Je trouvai cet illustre Philhellène dans une misérable cabane, assis sur sa pelisse de peau de mouton, et prenant un modeste repas composé d'olives, de pain de maïs et de mouton rôti. M'ayant offert de partager son dîner, je ne me le fis pas dire deux fois; je m'assis comme lui sur le plancher, les jambes croisées à la manière orientale; et, depuis mon départ d'Athènes, n'ayant fait qu'un bon repas à Corinthe, nourri depuis un mois de citrons et d'olives, que j'allais cueillir dans les champs, ce fut avec une joie bien grande que j'apaisai ma faim, qui commençait de nouveau à m'attaquer.

Le colonel s'était rendu à l'assemblée nationale, relativement à l'organisation des troupes régulières. Mécontent de l'inactivité que le gouvernement avait mise à le seconder dans son expédition d'Eubée, et ne voulant pas compromettre à l'avenir sa réputation militaire, il allait donner sa démission si on ne prenait pas désormais des mesures énergiques.

Tous les membres du congrès le prièrent instamment de reprendre le commandement des troupes qu'il avait organisées, sans quoi ce corps ne tarderait pas à se dissoudre. Ils lui assurèrent, de la part du nouveau gouvernement, tous les pouvoirs nécessaires.

Jaloux de la haute confiance que les primats de la Grèce avaient en lui, le colonel se rendit à leurs instances, et, sur-le-champ, le congrès décréta qu'on continuerait l'organisation des troupes régulières.

CHAPITRE XI.

Congrès d'Épidaure.

L'ASSEMBLÉE nationale s'était ouverte le 6[1] avril, au village de *Piada*, à deux lieues de distance d'Épidaure. Un grand nombre de députés et une foule de curieux s'y étaient rendus de toutes les parties de la Grèce. Le congrès tint ses séances dans un vaste local, et non plus, comme quatre années auparavant, au même lieu, en plein air et sous un berceau d'orangers.

Dans la première séance, on lut à haute voix les noms de tous les députés admis à l'assemblée nationale. On commença par discuter l'admission des députés souliotes, et, après de légers débats, on en remit la discussion à une séance prochaine. On passa ensuite à la nomination du président. A cet égard, des discussions vives et tenaces s'engagèrent pendant plusieurs jours; les députés du Péloponèse donnaient leurs suffrages à André Zaïmis de Calavryta, et ceux de la *Romélie*, à Pierre Mavromichalis, chef des tribus du Magne. L'assemblée balança long-temps sur le choix de ces

1 Vieux style; je m'en sers dans toutes mes dates.

deux illustres candidats, lorsque, d'un mouvement spontané, ils se levèrent en disant qu'ils renonçaient à la présidence.

D'autres députés proposèrent alors Notaras de Corinthe, issu d'une ancienne famille patricienne de Venise. Les Roméliotes confirmèrent cette élection, à laquelle s'opposèrent vainement les Péloponésiens. On procéda ensuite à la nomination du vice-président et du secrétaire-général. *Jean Logothète* de Livadie fut nommé d'une voix unanime à la première de ces dignités, et *Papadopoulos* à la seconde.

Tous les députés se trouvant présents au congrès, on avança la proposition d'un emprunt aux îles Ioniennes; plusieurs orateurs furent entendus à ce sujet, et l'assemblée finit par nommer une commission composée de sept membres, savoir : *Zaïmis*, *Boudouri*, *Ainiani*, *Chrysogolos*, *Xénos*, *Blasis* et *Zographos*.

On agita ensuite la question de savoir si les séances de l'assemblée seraient publiques ; les Péloponésiens s'y opposèrent vivement, et on renvoya la motion à une prochaine délibération. Après plusieurs discours, où, parmi quelques-uns, on remarquait une grave et solide éloquence, la première séance fut close.

Le lendemain 7 avril, on fit lecture du procès-verbal de la séance de la veille. On lut ensuite une pétition des Souliotes, par laquelle ils demandaient l'admission au congrès de leurs plénipotentiaires.

Après quelques débats, on décréta à l'unanimité leur admission, à raison des importants services que, depuis le début de la révolution, ils avaient rendus à la patrie.

Immédiatement après, tous les députés sortirent du lieu de leurs séances, et se rendirent dans une prairie voisine, au milieu d'un grand concours de peuple, sous un berceau d'orangers, en face de l'île d'Égine et devant Salamine; l'archevèque Germanos célébra la liturgie sur les restes d'un antique autel consacré à Esculape.

Après la solennité, les députés prêtèrent serment, jurèrent de se consacrer, d'un commun accord, au bien de la patrie, d'étouffer toutes les vues personnelles, et de ne plus songer qu'à l'intérêt général. Le président lut à haute voix le serment de la part des plénipotentiaires, qui le sanctionnèrent par la religion.

De retour dans la chambre de leurs délibérations, ils agitèrent la question de l'emprunt proposé la veille. Plusieurs furent d'avis que l'assemblée s'en occupât; mais le député Ainiani, un des Hellènes qui parle le mieux la langue d'Homère et de Platon, et qui joint à une haute littérature de vastes connaissances politiques, prit la parole, et dit avec énergie : «Que, par un acte de cette nature, on voulait dépouiller de ses droits et de ses prérogatives le gouvernement encore investi du suprême pouvoir; que ce serait commettre une injustice criante; qu'il fallait au contraire que l'assemblée envoyât sur-le-champ l'ordre au gouvernement de contracter cet emprunt sans difficulté. »

Un accord unanime approuva la digne proposition de l'orateur, qui à l'instant fut mise à exécution.

On passa à la publicité des séances. Les députés du Péloponèse, changeant d'idées, voulaient alors qu'elles fussent publiques, opposés en celà aux Roméliotes et aux insulaires. Après de longues et vives discussions, la majorité l'emporta; et il fut arrêté que le peuple serait admis. On termina la séance par la lecture d'une pétition des habitants du mont Olympe, qui demandaient l'admission au congrès de leurs députés. Après une courte délibération, la pétition fut rejetée à une faible majorité.

Le 8 avril, on lut, comme de coutume, le procès-verbal de la veille, et on nomma sept commissions. La première, composée de quinze membres, doit s'occuper de la forme et de la constitution du gouvernement. Il fut question de savoir si cette commission devait examiner quelle sorte de gouvernement serait le plus propre à la Grèce, et de quel pouvoir on devait l'investir. On délibéra sur-le-champ touchant cette question.

Une seconde commission, composée de sept membres, fut chargée de l'organisation des troupes régulières et irrégulières. La troisième, qui compte cinq membres, aura le département des finances; la quatrième, celui de la marine; la cinquième, de l'instruction publique; la sixième, des affaires ecclésiastiques; la septième enfin, des pétitions : elle les examinera, en fera son rapport à l'assemblée, et cette dernière en décidera. La séance est levée.

Le lendemain, des discussions fort orageuses ouvrirent la séance, touchant les instructions dont on devait investir les différentes commissions. Ensuite celle chargée de l'espèce de gouvernement qu'on devait donner à la nation, fit part du résultat de ses délibérations. Elle décréta, comme le plus propre à la Hellade, le gouvernement représentatif provisoire, qui fut proposé au congrès. Elle ajouta qu'il était susceptible de beaucoup d'améliorations, et qu'on pourrait réformer un grand nombre d'abus.

Le député Ainiani prenant aussitôt la parole, dit avec son éloquence accoutumée : « Qu'il était « temps enfin de sortir du gouvernement provi- « soire; qu'il fallait dissiper la cruelle inquiétude « où se trouvait la nation; asseoir l'état sur une « base solide, et songer sans délai à donner à la « Grèce régénérée une monarchie constitution- « nelle. »

Toute l'assemblée fut vivement émue de la motion de l'orateur, et de ce nouvel ordre de choses pour lequel il plaidait. Après de longues agitations dans l'assemblée, la majorité des députés accueillit le projet.

On passa ensuite à la question de savoir si le monarque serait choisi parmi la nation ou chez l'étranger; après de courts débats, le député Agamemnon opina pour qu'il fût étranger, et son opinion ne rencontra que de fort légères oppositions.

On lut ensuite une pétition du général Gouras, par laquelle il s'engageait à donner à l'état une somme de cent mille piastres pour secourir Missolonghi à deux doigts de sa chute. Plusieurs députés du continent et de l'Archipel s'écrièrent en même temps qu'ils voulaient aussi partager la générosité du brave général Gouras.

Comme il serait trop long de rapporter successivement et en détail les longs et fastidieux débats qui eurent lieu pendant le cours des nombreuses séances de l'assemblée nationale, nous nous contenterons de donner le résultat de toutes ses délibérations.

Les Hellènes se plaisaient quelquefois à discuter, pendant plusieurs jours, des questions vaines et insignifiantes, par exemple, celle de savoir qui d'entre eux présiderait l'assemblée, ensuite si une des commissions du gouvernement devait être plutôt de quinze membres que de treize; ce dernier point les occupa plusieurs jours : et cependant la patrie était dans une situation toute passive; les défenseurs de Missolonghi aux abois demandaient du pain à grands cris, et accusaient la sécurité de leurs compatriotes, assez semblables aux Grecs du moyen âge, qui, pendant que les foudres de Mahomet II grondaient aux portes de Constantinople, se disputaient sur des matières théologiques, et assemblaient des conciles, au lieu d'assembler des armées.

En conséquence des délibérations de l'assemblée nationale, le nouveau gouvernement provisoire de la Grèce se composa de deux pouvoirs : une commission composée de onze membres doit s'occuper exclusivement des affaires intérieures, et une autre de treize membres, représentant l'assemblée nationale, des affaires étrangères.

La Commission exécutive de onze membres se compose de

MM. André Zaïmis, de Calavryta, président;
Pierre Mavromichalis, ancien bey du Magne, vice-président;
A. Deli-Eanéi, de Cariténa;
G. Sissini, de Gastouni;
Spiro Tricoupi, de Missolonghi;
A. Isco, de Valto;
G. Vlasachi, d'Athènes;
Lazzaro Conduriotis, d'Hydra;
A. Monarchidi, d'Ipsara;
Anargiro, de Spezzia;
Zographos, de Calavryta, secrétaire-général.

La Commission de treize membres pour les affaires étrangères se compose de

MM. Paléon-Patron-Germanos, archevêque de Patras, président;
P. Notaras, de Corinthe, vice-président;
A. Copanitzas, du Péloponèse;
A. Londos, de Vostitza;
G. Dariotis, *idem;*
G. Ainiani, de Romélie;
Porphyre d'Arta, *idem;*
Spiro-Carogero-Poulos, *idem;*
Basily-Boudoury, d'Hydra;
Bélisaria, d'Ipsara;
Emmanuel Aénos, de l'Archipel;
Renièros, de l'île de Candie;
Clonarès, secrétaire-général, de Romélie.

Propositions de paix, faites au sultan des Turcs, Mahmoud II, par l'intermédiaire de S. Exc. l'ambassadeur de S. M. britannique à Constantinople.

S. Exc. l'ambassadeur de S. M. britannique à Constantinople est prié de traiter de la paix entre la Porte ottomane et le gouvernement provisoire de la Grèce, aux conditions suivantes :

ARTICLE 1er.

« Qu'il ne soit permis à aucun Turc d'habiter le territoire de la Grèce, d'y posséder aucune propriété, à cause de l'impossibilité de ces deux peuples de vivre ensemble.

ARTICLE II.

« Que toutes les forteresses qui sont au pouvoir des Turcs dans le territoire grec soient sur-le-champ évacuées et remises aux Hellènes.

ARTICLE III.

« Que le sultan n'ait aucune influence sur l'organisation intérieure, ni sur le clergé grec.

ARTICLE IV.

« Que les Grecs puissent avoir des troupes suffisantes pour la sûreté de l'intérieur du pays, et une marine pour protéger son commerce.

ARTICLE V.

« Qu'ils soient gouvernés par les mêmes lois, et puissent jouir des mêmes droits dans tout le Péloponèse, le continent de la Grèce, les îles de Négrepont, de Candie et de l'Archipel, enfin dans toutes les provinces qui ont pris les armes et se sont incorporées au gouvernement grec.

ARTICLE VI.

« Que les articles mentionnés dans le présent acte ne puissent être changés par l'ambassadeur, ni par la commission nommée par l'assemblée nationale, laquelle commission est spécialement chargée de correspondre avec S. Exc. l'ambassadeur.

ARTICLE VII.

« Que les Grecs conservent leur pavillon particulier.

ARTICLE VIII.

« Qu'ils aient le droit de battre monnaie.

ARTICLE IX.

« Que la somme du tribut soit fixée, et que le mode de paiement soit annuel, ou qu'il soit unique.

ARTICLE X.

« Qu'il soit accordé une trève; et, en cas de refus de la Porte, que la commission, nommée à cet effet, puisse s'adresser à toutes les puissances de l'Europe pour leur demander des secours et leur protection. »

Adresse aux souverains de l'Europe, par l'assemblée nationale d'Épidaure.

« Les représentants de la nation grecque, réunis en assemblée générale, d'après les pouvoirs qui leur sont conférés par leurs concitoyens pour aviser aux moyens de sauver la patrie, de la délivrer de la fureur des infidèles, qui portent partout le ravage et la mort, de fonder un gouvernement stable, juste et fort, capable d'assurer à jamais son indépendance, et d'adopter le système des gouvernements de l'Europe, seule base qui peut faire le bonheur d'une nation, ont unanimement résolu ce qui suit :

« De s'adresser à tous les souverains de l'Europe, pour qu'ils daignent prendre en considération que, si la Grèce n'a pu jusqu'ici prévenir l'entreprise de ses ennemis, ni prendre sur eux l'offensive, ce n'est point à cause de diminution de ses forces, ni par un affaiblissement de sa première résolution, de vivre libre ou de mourir sous l'étendard de la croix; que si la nation n'a pu encore parvenir à dominer et à subjuguer toutes les passions particulières, c'est par la faiblesse ou par la faute du mode de son gouvernement provisoire; que, dans cette lutte extraordinaire, les Grecs doivent sortir victorieux, ou s'ensevelir sous les ruines de leur patrie; que cette alternative cruelle provient des suites déplorables de cette lutte, et de la longue durée d'événements qui l'ont rendue inévitable.

« Qu'une faveur particulière de la Providence a placé des forces entre les mains des princes de la chrétienté, afin de venir au secours des malheureux chrétiens de l'Orient; et que la nation grecque, fondant ses espérances sur la justice et l'humanité qui caractérisent les monarques de l'Europe, attend d'eux la confirmation de leurs droits sacrés à une sage liberté, et d'une existence politique suffisamment consolidée; l'assemblée nationale arrête et décrète ce qui suit, savoir:

« En vertu des pouvoirs qui nous sont confiés par nos mandataires, nous plaçons le dépôt sacré de la liberté de notre pays, de son indépendance, et de son existence politique, sous la haute et puissante protection des magnanimes souverains de l'Europe, afin d'intervenir auprès de qui de droit pour obtenir son indépendance, et se créer un gouvernement analogue au système des gouvernements de l'Europe.

« Nous adressons de plus le présent acte de l'assemblée nationale à tous les souverains, avec prière de le prendre en considération ; et, pour le faire connaître du monde entier, ordonnons qu'il soit imprimé dans le Journal officiel du gouvernement, et adressé immédiatement à tous les cabinets de l'Europe.

« Épidaure, le 20 avril 1826.

« *Signé* du président, du vice-président, et du secrétaire de l'assemblée nationale. »

Le congrès d'Épidaure, qui s'était ouvert dans les premiers jours d'avril, se termina le 27 du même mois. La veille de sa dissolution, un courrier parti de la citadelle de Corinthe, vint en toute diligence annoncer, vers le soir, la chute de Missolonghi. Tous les députés se promenaient, comme de coutume, après leurs travaux, dans une prairie qui est à l'entrée du bois sacré d'Esculape. Le courrier vint droit à eux leur annoncer la fatale nouvelle : un grand nombre en fut vivement ému ; d'autres, tel que Colocotroni, ne le parurent nullement. Il paraît qu'ils s'y attendaient, et qu'ils connaissaient à peu près le jour où la place devait succomber.

Le lendemain, je partis pour Napoli de Romanie

avec MM. le colonel Fabvier, le comte Gamba, le capitaine Gérard, et plusieurs Philhellènes. Nous étions précédés et suivis par une foule de députés, montés, comme nous, les uns sur des chevaux enharnachés de bâts, d'autres sur des mulets, et une grande partie affourchés sur des ânes.

Nous nous arrêtâmes à moitié chemin, au bord d'une fontaine, d'où s'échappait avec abondance, dans un riant vallon, une eau claire et limpide. A l'abri de la chaleur du jour, sous d'épais ombrages, dans ce lieu de fraîcheur, nous satisfîmes notre appétit et notre soif, et, après un court sommeil, nous poursuivîmes notre route.

Il nous fallait marcher sans cesse à travers des sentiers rudes et difficiles, tantôt gravir des montagnes escarpées, descendre dans de profonds ravins où roulaient de nombreux torrents; tantôt nous nous trouvions dans de vastes prairies dont la verdure émaillée de fleurs réjouissait tout-à-coup nos regards.

Nous remarquions les ravages que, dans sa course rapide, le temps fait sur la nature comme sur les hommes. De longs rangs de collines, autrefois couvertes de riches vignobles, des montagnes couronnées d'épaisses forêts, ne présentaient plus au voyageur que des flancs arides et sans ombrages, livrés aux rayons d'un soleil brûlant.

Après huit heures d'une marche pénible, sous un soleil ardent, nous arrivâmes, à trois heures après midi, à Napoli de Romanie. Cette ville offrait, depuis mon départ, une surabondance de population étonnante, sinistre présage de l'approche des Turcs. Partout un mouvement continuel, partout une cruelle incertitude. Tout le monde connaissait la chute, à la fois déplorable et glorieuse, de Missolonghi. On se demandait réciproquement : « Comment avait pu échapper sa « garnison? La population de cette ville, qu'est-elle « devenue? Où sont les vieillards, les enfants et les « femmes de la ville héroïque? » On était dans une pénible inquiétude sur le sort de ses parents, de ses amis, de ses compagnons d'armes. On ne connaissait encore rien de positif; seulement on savait que la garnison avait traversé les masses ennemies l'épée à la main. De quelque côté que je portasse mes pas, dans les cafés, dans les bazars, dans les rues où se presse la multitude, dans l'Agora, partout je lisais sur les visages l'anxiété, le chagrin, le désespoir. Eh quoi! Missolonghi, se disait-on, Missolonghi! un des plus fermes boulevards de la Grèce, qui a vu tomber, pendant quatre années consécutives, devant ses faibles murailles, plus de trente mille Barbares, vient de succomber devant dix mille Arabes! mais de succomber par la *famine!*... et cette pensée consolait tous les esprits et faisait succéder la joie à la tristesse.

Le lendemain de notre arrivée, qui était un dimanche, fut un double jour de fête pour les Hellènes. Les têtes, abattues la veille par la douleur, se relevèrent avec fierté. Une population nombreuse attendait, dans l'Agora de Nauplie, l'arrivée des membres du nouveau gouvernement. Toute la garnison était sous les armes.

On les vit bientôt arriver, le vaillant Colocotroni à leur tête. Monté sur un magnifique cheval arabe, un large damas à la main, la ceinture dorée étincelante de pistolets et de poignards brillants d'or et de vermeil, ce général en chef traversa rapidement les rangs de la troupe rangée en bataille, fit plusieurs fois le tour de l'Agora, et descendit de cheval.

Que l'on se représente un homme de cinquante-cinq à soixante ans; un port majestueux, semblable à celui des races héroïques; un visage plein de feu, bruni par un soleil ardent, ombragé par d'énormes moustaches; une belle tête dans toutes les proportions grecques, ornée d'une chevelure noire et flottante; des yeux étincelants de courage et d'audace, on aura à peu près le portrait de ce vieux chef de bandes, qui a passé sa vie dans les camps, et qu'à sa stature colossale on prendrait aisément pour un descendant d'Hercule, si toutefois ce dieu des temps antiques en compte encore dans cette contrée.

Les membres du nouveau gouvernement, s'étant assemblés sous l'ombrage du platane qui décore l'Agora de Nauplie, entendirent un discours plein de force et d'éloquence que leur fit l'archevêque Germanos. Ils prêtèrent ensuite serment sur l'autel de la patrie, en présence d'un immense concours de peuple. La religion, qui seule a entretenu en Grèce le feu sacré de l'existence nationale, sanctionna les serments des nouveaux magistrats, et couronna cette touchante cérémonie. Tous s'embrassèrent mutuellement avec larmes, et jurèrent d'assurer l'indépendance de la patrie ou de disparaître avec elle sous ses ruines.

Chacun faisait des vœux pour la prospérité du nouveau gouvernement. L'enthousiasme était à son comble; jamais, parmi les Hellènes, plus ardent amour de la liberté, et haine plus profonde de la domination du croissant. Une musique guerrière jouait ce fameux air si connu : « *Allons, enfants des Grecs*, Δεῦτε παῖδες τῶν Ἑλλήνων, » et ce chant fameux du Thessalien Rhigas était répété par la multitude.

C'était un spectacle bien intéressant que de voir ce peuple brillant d'une jeunesse vigoureuse, pour qui s'ouvrait l'ère de la liberté, s'exciter à l'envi à lutter contre cet autre peuple farouche, vieilli sous le triple joug de la superstition, de l'ignorance et de la barbarie.

Après cette cérémonie, le timon des affaires fut remis au nouveau gouvernement, qui choisit pour lieu de ses séances une superbe mosquée de Napoli de Romanie, où naguère siégeaient avec orgueil de fiers oulémas; ces graves docteurs de la loi qui se croyaient encore aux beaux jours de l'islamisme.

Toutes les autorités civiles et militaires s'empressèrent d'aller reconnaître leurs nouveaux chefs, et de leur présenter leurs hommages. Ainsi, sous d'heureux auspices, commença, dans les premiers jours de mai, ce nouveau gouvernement de la Grèce. Aussitôt après son installation, la commission permanente représentant l'assemblée nationale arrêta que MM. Orlando et Luriottis, députés grecs des emprunts contractés à Londres, rendraient compte sur-le-champ de leur administration à une commission d'enquête, composée de MM. George, Spagnolaki, et deux Philhellènes anglais, MM. Burdett et Riccardo.

MM. Orlando et Luriottis doivent cesser leurs fonctions, et sont rappelés en Grèce. Toutefois, comme il est plus facile de vérifier les opérations sur les lieux, ces messieurs rendront préalablement leurs comptes à Londres, à la commission établie à cet égard.

On a abusé de la confiance de la nation grecque, des dilapidations ont été commises sur la place de Londres. Voici un détail de l'emprunt que nous tenons de M. Xénon, banquier du gouvernement grec à Nauplie, et membre de la commission représentative de l'assemblée nouvellement chargée de la révision des comptes des administrations de l'intérieur et de l'extérieur de la Grèce.

Emploi de l'emprunt Riccardo de deux millions livres sterling.

	Francs.
Le gouvernement a reçu à Nauplie, par différents envois	180,000

Munitions expédiées à Nauplie.......	20,000
Retenu pour la caisse d'amortissement.	150,000
Retenu pour les intérêts de trois années.	300,000
A lord Cochrane, suivant son contrat.	150,000
Pour achat de frégates en Amérique..	110,000
Lettres de change tirées par le gouvernement grec....................	70,000
	980,000

Le gouvernement provisoire de la Grèce continua à vendre, dans l'Agora de Napoli de Romanie, les propriétés nationales qui forment les sept huitièmes du territoire de la Grèce insurgée. Dans un dénûment absolu de numéraire, le gouvernement grec, le plus riche de l'Europe territorialement, les concédait à vil prix. Suivant les positions des terres, l'hectare ne s'élevait pas au-dessus de quatre talaris (vingt-quatre fr.). Avant la prise de Missolonghi, on en vendait considérablement, soit à Napoli, soit à Athènes; mais la chute de cette place avait ralenti le zèle des acheteurs. Toutes ces terres se composaient des propriétés des Turcs que ceux-ci avaient enlevées aux Grecs lors de la conquête, des biens des Vocoufs que la mosquée de Mahomet avait usurpés sur l'Église du Dieu vivant.

Quelle chance de s'enrichir s'offrait à l'acheteur! En consacrant une vingtaine de mille francs à ces acquisitions, on se trouvait tout-à-coup possesseur d'une immense fortune territoriale. Si quelques capitalistes versaient à cette sorte de loterie philanthropique une centaine de mille francs, à l'affranchissement de la Grèce, ils seraient assurément les plus riches propriétaires de l'Europe.

Toutes ces campagnes, aujourd'hui sans culture et partout ravagées, ne demandent qu'à être faiblement remuées pour se couvrir de moissons. Que de vastes spéculations à faire dans cette Grèce où tout est à créer, arts, industrie, manufacture! Il n'existe pas dans la Grèce une seule fabrique; la récolte du coton y est abondante; l'argent y est extrêmement rare; la main d'œuvre y est à vil prix; un Grec travaille une journée entière pour une piastre (cinquante centimes).

Les avantages que présentent ces belles régions sont préférables à ceux qu'offrent celles de l'Amérique. La Grèce, quoique située entre l'Asie et l'Europe, est aux portes de l'Italie et de la France. Son climat est salubre. On n'y connaît point ces fièvres jaunes qui désolent certaines contrées. L'air y est pur, le ciel enchanteur, les sites ravissants; le soleil y darde ses plus beaux rayons; la mer la plus navigable forme dans ses terres des canaux naturels, et des rosées abondantes et salutaires y suppléent aux pluies trop fréquentes des climats occidentaux.

CHAPITRE XII.

Sortie des Hellènes de Missolonghi.

Nous allons rapporter ici les brillants faits d'armes qui ont illustré les Hellènes dans leur sortie glorieuse de Missolonghi, et les scènes déchirantes qui ont rempli de désolation et de deuil cette sanglante journée. Cette relation nous a été transmise à Napoli de Romanie par les généraux Tzavellas et Nothi Botzaris, qui commandaient dans la place.

L'armée arabe, forte de dix mille hommes, commandée en personne par Ibrahim-Pacha, voyait depuis treize mois moissonner ses soldats devant les faibles remparts de Missolonghi. Les attaques répétées de vive force du général égyptien venaient toujours se briser contre le courage héroïque de ses défenseurs. Après de continuels assauts, il s'était cependant rendu maître, depuis deux mois, des petites îles Vasiladès et Anatolico, situées dans les bas-fonds de Missolonghi, et en avait massacré une partie des habitants, et traîné les autres en esclavage.

Désespérant à la fin de s'emparer d'une place mieux défendue par la valeur de sa garnison que par ses remparts, Ibrahim, sensible à la perte de ses meilleures troupes, résolut d'en lever le siége, et de pénétrer dans le Péloponèse, afin de délivrer quinze cents des siens, bloqués dans Tripolitza. Au moment où il prend cette résolution, on lui amène un prisonnier grec. Saisi la veille, il avait été trouvé chargé de dépêches du gouvernement grec pour la garnison de Missolonghi. Amené devant Ibrahim, il est interrogé, et les dépêches fatales sont lues.

Elles mandaient aux assiégés de prendre patience, de souffrir des privations quelque temps encore; que la flotte grecque mettait en ce moment à la voile pour aller ravitailler la place. Leur position critique est entièrement dévoilée par ces lettres accusatrices. Ibrahim est enchanté de savoir que le besoin de vivres commence à se faire sentir, et que les bâtiments grecs sont en mer. Il renaît à l'espérance, et cernant de plus près la place, il commence à prendre des dispositions toutes nouvelles.

Il fait renforcer les étroits passages des Lagunes, et mande en même temps au Capitan-Pacha de se rendre à Crionéri avec tous ses vaisseaux, et de croiser devant Vasiladès pour arrêter le passage des bâtiments grecs.

Bientôt se montre la flotte des Hellènes; trois fois leurs frêles navires se mesurent avec les vaisseaux ottomans; mais vains efforts. Se faire jour à travers ces énormes citadelles flottantes lui est impossible, et les assiégés perdent tout espoir d'obtenir les aliments qu'ils implorent en silence.

En vain l'amiral grec Miaulis Vocos réunit tous ses efforts, charge de vivres toutes les barques, qui, favorisées par une nuit profonde, se montrent jusques à l'entrée des Lagunes, d'où elles sont aussitôt repoussées par un ennemi nombreux; la flotte grecque se retire affligée, et gouverne au large, ayant à son bord les envoyés de Missolonghi, les généraux Lambro, Veicho, Zerva, Souliotes; Spiro et Miléo, Roméliotes, qui revenaient en députation de Napoli de Romanie.

Dans cet intervalle, Ibrahim propose à la garnison de se rendre, lui promettant de respecter sa rare valeur. Mais les défenseurs de Missolonghi lui répondent fièrement qu'ils sont résolus à mourir les armes à la main. Le général égyptien continue à renouveler ses propositions; il leur offre la solde de tous les appointements qui leur sont dus, leur promet de les prendre à son service à raison de cent piastres par mois. Les guerriers de l'Épire et de Souli repoussent avec une fière indignation les propositions déshonorantes du pacha.

Cependant la population entière manquait de pain depuis le 15 mars; elle était réduite à manger les chevaux, les ânes, les chats, et tout ce qui restait d'animaux. Tourmentés par la faim, assaillis par un ennemi nombreux, souffrant d'une double lutte, les assiégés attendaient toujours avec impatience les vivres envoyés par leur gouvernement.

La pénurie des aliments indispensables à l'homme, une nourriture chétive et malsaine, des demeures insalubres, causèrent bientôt une épidémie qui, tous les jours, moissonnait trente ou quarante personnes. La garnison, entièrement affaiblie, ayant épuisé tout ce que l'homme peut prendre pour nourriture; le samedi matin, 10 (22) avril, on tint un conseil général, où il fut résolu de quitter Missolonghi la nuit suivante.

Toute la population accueillit avec joie cette résolution salutaire. Les blessés et les malades résolurent de se renfermer dans plusieurs vastes maisons, remplies de poudre. Cent soixante de leurs compagnons voulurent partager leur sort et s'engloutir dans ce lieu sacré, tant de fois arrosé de leur sang.

Un spectacle des plus douloureux s'offrit alors à tous les yeux. L'époux adressait un dernier adieu à son épouse, l'enfant à son père, l'ami à son ami, le serviteur à son maître; tous s'arrosaient réciproquement de leurs larmes. Les ministres de la religion, dont la conduite est si noble, si généreuse, sanctionnèrent, au nom du ciel, la sainte entreprise. Le vénérable évêque Joseph, après avoir entonné un cantique d'actions de grace à l'Éternel, bénit l'héroïsme infortuné de ces milliers de victimes qui, la nuit suivante, allaient voler à la mort et à l'immortalité pour le salut de la patrie.

Dix heures du soir est l'heure fixée de la sortie; et tous en armes et dans un profond silence, ils s'avançaient vers la porte sacrée, qui s'ouvre avec un saint respect. La plupart descendent par les batteries; parmi ces braves gens, on remarque Marni, Dimotalis, et le vieux polémaque de la Selléide, Bothi Botzaris.

Le premier obstacle qui s'offre à leur rencontre est un corps d'Arabes à droite, et des phalanges d'Albanais à gauche. Les Hellènes, le sabre à la main, traversent leurs rangs, étonnés de ce nouveau genre d'attaque. Divisés en trois colonnes, la première parvient à traverser les masses ennemies avec une perte fort légère; mais lorsque la seconde se présente, un carnage affreux commence: les Barbares attendent les Hellènes à la baïonnette. Ces derniers, au nombre de cinq cents hommes armés, renferment au milieu d'eux deux mille femmes et enfants environ. C'est alors que s'offre le plus déchirant spectacle.

Voyant l'impossibilité de sauver les gages de sa tendresse, chacun commence à lui ôter la vie. Le mari égorge son épouse, le frère sa sœur, et la mère sa fille; satisfaits de leur épargner, par une mort prompte et honnête, la honte de tomber entre les mains des Barbares.

Après avoir répandu le sang de tant de victimes, ceux qu'on put arracher aux baïonnettes de l'infanterie et aux sabres de la cavalerie furent placés au milieu de la première colonne, qui essuyait le feu d'une fusillade continuelle. La mêlée alors était horrible, et, pour l'accroître, la cavalerie arabe s'avance; les Hellènes en font un affreux carnage. Ils s'emparent de quantité de chevaux dont ils ont fait tomber les maîtres; là plus d'une autre Judith coupa la tête d'un Holopherne Islamite; les femmes belliqueuses de Souli sabrent une foule d'Arabes, les renversent de leurs chevaux, et les montent elles-mêmes.

C'est alors qu'on remarque un jeune homme, un héros, le digne fils du général Tzavellas, Bacatreto, qui, à la tête de dix de ses compagnons, cherche partout son père; il le trouve adossé contre un olivier, entouré d'ennemis immolés par son glaive. Satisfait d'avoir retrouvé l'objet de sa tendresse, le jeune guerrier de Souli veut regagner les colonnes; mais il faut se faire jour à travers une cavalerie nombreuse qui occupe tous les passages. Lui et ses compagnons en viennent aux mains avec une centaine de cavaliers, se battent pendant une demi-heure, et mettent plusieurs de ces derniers hors de combat. Les dix Souliotes, Bacatreto Tzavellas et son père, par un feu vif et soutenu, opposent à cette fougueuse cavalerie une opiniâtre résistance; et bien pelotonnés, ils s'ouvrent enfin une route salutaire, mais sanglante.

Jusques alors la première colonne, qui avait

perdu peu de monde, arrive près d'une montagne, éloignée de deux lieues de Missolonghi. Cette montagne, il faut la gravir; mais, à son sommet, quatre cents Turcs sont placés en embuscade. Les Grecs les prennent pour les leurs, et marchent sans précaution. Aussitôt les Turcs fondent sur eux à l'improviste, et en immolent un grand nombre. Plusieurs capitaines, Hernari, Diméo, tombent percés de coups. Les Grecs, indignés du piége qu'on leur a tendu, s'avancent contre leurs ennemis en courant, s'enfoncent dans l'épaisseur de leurs rangs, et jonchent le terrain d'un grand nombre de leurs cadavres. Affaiblis, faute de nourriture, fatigués par de nombreux combats, les Grecs gagnèrent les montagnes, abandonnant une partie du butin des vaincus sur le champ de bataille.

La première colonne, après avoir traversé toutes les masses ennemies, se composait encore de deux mille hommes et de deux cent cinquante femmes et enfants. Un grand nombre d'entre eux restèrent morts sur le terrain. Tous les blessés furent tués par leurs compagnons avec un sang-froid étonnant; satisfaits de ne point les voir tomber entre les mains des Arabes. Ils leur disaient, en leur ôtant la vie : « Allez, camarades, à l'immortalité; et ré-« servez-nous des places. » Un Souliote, nommé Dimi, voyant qu'il ne pouvait sauver sa femme et sa sœur, leur enfonça, sans mot dire, son poignard dans la gorge.

La seconde colonne, après avoir perdu plus des

deux tiers des siens, avait enfin rejoint la première. Mais la troisième ne peut traverser les bataillons arabes, et se voit contrainte de retourner à Missolonghi. La ville est déja inondée de Barbares; les Grecs se précipitent sur eux en désespérés, et en taillent en pièces un grand nombre. Un Souliote, nommé Georgi, entre dans une mine, et voyant qu'une foule d'Arabes l'environnent, il porte soudain à la mine la fatale étincelle, et fait sauter avec lui plus de deux mille Turcs.

Le lendemain de cette sanglante journée, les Arabes s'avancent vers les maisons où sont renfermés les malades, et quantité de femmes et d'enfants, ainsi que les cent soixante Grecs qui ont voulu mourir avec eux. Ceux-ci, malgré la faiblesse de leur nombre, opposent la plus vigoureuse résistance, sourds à toutes les propositions de leurs ennemis. Ils passent la journée entière du dimanche jusques au lundi à midi, sous le feu de la fusillade la plus meurtrière. Ne pouvant plus résister, dénués de force, entièrement affaiblis par une diète pénible de près de deux jours, ils se font leurs derniers adieux, s'embrassent tendrement, et se préparent à mourir.

Afin d'attirer l'ennemi dans les maisons, ils ordonnent aux femmes de crier, par stratagème, *aman!* ce qui signifie, en langue arabe, pardon. La fusillade cesse aussitôt. Les Turcs, satisfaits d'avoir des prisonniers d'une ville qui leur a coûté tant de sang, courent dans les maisons dont les

Grecs ouvrent toutes les portes. A peine les Barbares sont-ils entrés qu'une explosion terrible se fait entendre; des tonneaux de poudre ont éclaté; jamais spectacle plus horrible, scène plus déchirante. Au milieu des gémissements des mourants, des cris des vaincus et des vainqueurs, les Grecs, confondus parmi les Turcs, sautent en l'air au milieu des poutres enflammées et des débris des maisons. Des milliers de membres mutilés, de cadavres noircis et en lambeaux retombent sur Missolonghi en une pluie effroyable.

Cinquante Grecs, renfermés dans un moulin, après avoir fait tomber sous leurs coups une foule d'ennemis, se voyant près d'être accablés par le nombre, vers trois heures après midi, imitent l'exemple de leurs frères, mettent le feu à leurs barils de poudre, et se font sauter avec un grand nombre d'Arabes.

Ainsi succomba par la famine, et non par la valeur des assiégeants, l'immortelle place de Missolonghi, digne d'un meilleur sort. Depuis cinq années entières, c'est-à-dire depuis l'invasion des armées turques en Grèce, elle s'était défendue, malgré sa faible garnison, avec un courage magnanime, et avait soutenu soixante-dix assauts.

Les pachas Omer Brionès et Routchid furent les premiers qui, à la tête de onze mille hommes, vinrent l'assiéger. Bloquée par terre et par mer, elle ne comptait alors que trois cent quatre-vingts défenseurs qui surent puiser dans leur bravoure des moyens de résistance.

Le prince Mavrocordato et plusieurs officiers français qui s'y trouvaient alors soutinrent le siége avec beaucoup d'habileté. Les hardis vaisseaux d'Hydra amenèrent bientôt au secours de la place une foule de guerriers du Péloponèse. Pierre Mavromichalis, chef des guerriers du Magne, y arriva avec ses soldats; Zaïmis, de Calavryta, avec ses vaillants Palicares, nés dans les riches vallées du Ladon. Enfin, depuis ce moment, y abordèrent de toutes parts une foule de guerriers, et Missolonghi put compter alors deux mille défenseurs.

Omer Brionès et Routchid, pachas, ne tardèrent pas, après des assauts répétés et des pertes considérables, à en lever le siége, et à se retirer avec leurs débris. Des hordes nouvelles remplacèrent celles des pachas vaincus; mais elles vinrent constamment échouer devant les faibles remparts de Missolonghi, ou plutôt contre la valeur des Hellènes.

Moustaï-Pacha, ayant réuni dans la ville de Vrachori, en Étolie, seize mille hommes, opéra sa jonction avec Omer Brionès, visir de Janina, qui s'avançait à la tête de six mille combattants. L'armée combinée de ces deux fiers satrapes se porta sur Missolonghi, et l'investit de nouveau. Un grand nombre d'habitants des campagnes qui s'y étaient réfugiés leur faisait espérer sa chute prochaine. Mais, après un mois d'inutiles efforts, les généraux de l'armée ottomane, voyant le ravage que la peste exerçait dans leurs troupes, levèrent le siége, pleins d'indignation, jurant d'y revenir. Ne sachant où décharger leur rage, ils firent de cruels adieux aux champs de l'Étolie, en faisant tomber sous les haches de leurs soldats plus de six mille oliviers qui couvraient les flancs du mont Aracynthe.

Déja Missolonghi avait eu de terribles assauts à soutenir. Ses vaillants défenseurs avaient paralysé les efforts de ces onze mille hommes qu'amenait, pour la première fois, Omer Brionès, et de ces vingt-deux mille autres, sous la conduite de Routchid et du même Omer-Pacha. Mais ce n'était là que le prélude d'attaques plus terribles encore. Le pacha de l'Égypte, Méhémed-Ali, vomit à son tour ses hordes africaines sur les rives de l'Étolie. Douze mille Arabes, et d'autres disent quinze, assiégèrent les derniers cette place que la faim devait leur livrer.

Pendant treize mois continuels, à dater du mois de mars 1825 jusqu'au jour de sa chute, les défenseurs de Missolonghi, tous Souliotes et Roméliotes, au nombre de quatre mille, ne passèrent pas de jour sans repousser les attaques de vive force de cette masse, renforcée encore par six mille Albanais. On connaît les prodiges de valeur de cette immortelle garnison, les feuilles publiques en ont rempli leurs colonnes, l'Europe en a retenti.

Ainsi se couvrit de gloire cette petite ville, dont

les fortifications étaient à peine commencées, qui n'avait pour défense, du côté de la terre, qu'un misérable fossé; qui d'abord n'eut que sept pieds de largeur sur cinq de profondeur, et que l'on recreusa légèrement plus tard. Ce fossé enveloppait un parapet en pierre, qui s'élevait de quatre pieds au-dessus de la contrescarpe, et son épaisseur n'était que de deux pieds et demi. Du côté de la mer, on avait peu à redouter l'ennemi; car les barques ne peuvent s'engager dans les hauts-fonds pour arriver à Missolonghi. Mais, du côté du continent, il y avait tout à redouter; et ce n'est point à ses faibles remparts, mais à ses courageux défenseurs, qu'elle dut d'avoir résisté si long-temps à des milliers de Barbares.

Missolonghi, par sa position, était une clef du Péloponèse. Voilà pourquoi les Turcs ont montré tant d'acharnement à s'en emparer. Du reste, cette ville n'est rien par elle-même. Avant la guerre, elle ne renfermait qu'une population de cinq mille habitants, qui s'est depuis accrue au-delà du double par les réfugiés et sa garnison.

Missolonghi deviendrait le boulevard de la Grèce occidentale si on s'occupait à la fortifier. Mais les Arabes, qui aujourd'hui en sont les maîtres, craignant qu'elle ne retombe encore au pouvoir des Grecs, l'ont entièrement rasée, et sa population a été en partie égorgée et vendue dans les marchés du Levant. Plusieurs femmes, à qui la nature avait accordé le don de la beauté, devenues l'objet de la lubricité des Barbares, cédèrent à leurs violences, et aussitôt après furent impitoyablement poignardées, parce que le sang mahométan s'était mêlé avec le sang chrétien.

Dès qu'Ibrahim eut pris possession de Missolonghi, il divisa son corps d'armée en deux colonnes, dont la première, sous ses ordres, devait pénétrer dans le Péloponèse; et la seconde, commandée par Kutahi, son premier lieutenant, s'emparer d'Athènes. Déja ce dernier était entré à Salone, à la tête de ses milices irrégulières, mettant tout à feu et à sang. Les habitants, à son approche, s'étaient presque tous réfugiés dans les montagnes.

Après avoir traversé le Péloponèse, n'ayant pendant quinze jours qu'une existence incertaine, ne mangeant que des herbages et des racines, et ne pouvant offrir autre chose à leurs enfants, qui leur demandaient, en pleurant, du pain (ψωμί), les Grecs, sortis glorieusement de Missolonghi, arrivèrent à Napoli de Romanie au nombre de deux mille.

Ils étaient dans un état déplorable; leurs vêtements noirs et en lambeaux, et n'en ayant point de rechange. Il y en avait qui ne s'étaient pas déshabillés depuis six mois. La misère parmi ces braves était à son comble. Le gouvernement grec reçut les nobles défenseurs de Missolonghi avec tout l'intérêt dont ils étaient dignes. Il s'empressa de pourvoir à leurs besoins les plus pressants.

Mais comme il leur devait plus d'une année de

solde; il se trouvait dans une telle pénurie d'argent, qu'il ne put s'acquitter de sa dette sacrée; et cependant ces braves avaient un extrême besoin de leur solde : ils manquaient de tout, de linge, de vêtements, de chaussure, excepté d'armes. Tous portaient le fusil albanais en bandoulière, avaient à leur ceinture de riches pistolets, de magnifiques poignards en brillants, des yatagans, de larges damas de toute espèce, butin abondant fait sur les Turcs.

Pendant que ces braves guerriers se reposaient de leurs fatigues à Napoli de Romanie, en attendant leur solde pour se remettre en campagne, nous fûmes témoins d'une scène de patriotisme admirable de la part des habitants de cette capitale.

Un dimanche matin, un Grec, nommé Scouffa, jeune homme d'un grand mérite et de la plus haute espérance, adressa à un grand concours de peuple rassemblé dans l'Agora de Napoli de Romanie une harangue remplie de force et d'éloquence. Déposant ensuite sur l'autel de la patrie tout son avoir en numéraire, il s'écria : « Voilà, « citoyens, tout ce que je possède; je vois parmi « vous qu'il est des hommes qui tiennent plus à « l'or qu'à l'indépendance de la patrie. Eh bien ! « j'offre sur-le-champ de leur vendre ma personne, « et je consacre ma valeur pour aider à payer les « généreux défenseurs de Missolonghi qui n'atten-« dent qu'un faible à-compte de leur solde pour

« s'équiper et marcher de nouveau contre l'en« nemi. » Une foule de citoyens partagèrent au même instant l'enthousiasme de ce vertueux jeune homme; et, dans peu d'heures, la moitié de la somme fut réalisée et déposée sur l'autel de la patrie.

Le lendemain de cette scène, où l'on vit éclater tant de sentiments généreux, toutes les dames grecques, parmi lesquelles on remarquait la guerrière Modéna Mavrogénie, vendirent leurs bijoux et tout ce qu'elles avaient de précieux, pour compléter la somme voulue.

Peu de jours après, je vis, assis aux rives fleuries d'Argos, en face de Napoli de Romanie, les fiers enfants de la Selléide et de la Romélie, pleins de joie et d'espérance, se plongeant dans les flots du golfe Argolique, peignant leur chevelure ondoyante, se faisant raser, se parant de leurs habits nouveaux, et s'apprêtant, par une sorte de lustration, à revoler dans les combats.

CHAPITRE XIII.

Excursion dans l'Archipel.

Le 10 mai, je quittai Napoli de Romanie et me rembarquai pour Athènes, désirant y rejoindre le bataillon. J'allai toucher le même jour à Hydra. Une grande activité régnait dans cette île, qu'on peut appeler la forteresse navale de la Grèce. Le caïque qui me portait, ainsi que plusieurs Grecs, se rendait à l'île d'Égine. La nuit était profonde quand nous y mouillâmes; je résolus d'y coucher: les Grecs qui étaient avec moi ne me laissèrent pas aller seul. Ils m'emmenèrent dans leur famille, et me firent souper. On nous servit du poisson, des citrons en abondance pour l'arroser de leur jus, puis des plats d'olives. La cruche de vin était à discrétion; mais les Grecs jamais n'en abusent; ils en boivent fort peu; et chez eux l'ivresse est un crime. Après le souper, ils me conduisirent chez le *cafedgi*, ou limonadier, où tous les soirs il y a foule. Nous prîmes d'abord le café, mes hôtes en firent servir à toute notre galerie, composée de plus de vingt personnes; c'est l'honnêteté du pays: la tasse de café ne coûtant que cinq paras, ou cinq centimes, la dépense, pour régaler vingt personnes, ne fut que d'un franc; mais j'aime mieux un franc en Grèce que cinq à Paris. Après le café vint le punch, à dix paras ou dix centimes le grand verre, puis la limonade, que l'on sert à seaux; car, dans ces beaux climats, les citrons et les limons sont aussi communs que chez nous les pommes de terre.

Nous regagnâmes, à minuit, non la chaumière, mais la maison; car à Égine il y a des maisons élégantes : l'église surtout de ces insulaires, où tant de fois a retenti, aussi bien pour la patrie que pour la religion, la voix éloquente de l'ardent Cyrille, évêque d'Égine, est une des plus belles de la Grèce. Les femmes, qui nous attendaient, déroulèrent, à notre retour, les nattes et les tapis; en un instant des lits furent prêts; chacun se dit *kali spera* (bon soir). Les femmes passèrent dans une chambre voisine, et nous nous couchâmes. Dès que les premiers rayons du soleil frappèrent à nos volets, toute la maison fut debout. J'allai me promener quelque temps au bord de la mer, en face d'Épidaure. Ne voulant pas partir d'Égine sans aller voir madame Canaris, je priai mes hôtes de m'y conduire. Nous trouvâmes l'épouse du plus illustre marin de la Grèce, occupée à lever son jeune enfant. Elle nous reçut avec un vif intérêt, surtout lorsqu'elle sut que j'avais vu son jeune fils à Paris. Elle nous fit servir sur-le-champ le café et les pipes, et, contre mon habitude, je fumai, mais dans une pipe où avait fumé Constantin Canaris d'Ipsara. La noble compagne de l'intrépide marin porte sur son front l'empreinte de longs travaux et de longs malheurs, et a une de ces physionomies piquantes qui supplée souvent à la beauté et y ajoute toujours. Je saluai madame Canaris, dont j'avais déja rencontré le digne époux devant Hydra, lorsque la flotte grecque appareillait pour Missolonghi. Je retournai dire adieu à mes hôtes, qui ne me laissèrent pas partir sans déjeuner, après quoi je m'embarquai dans un caïque qui se rendait à Salamine. J'étais vivement touché de la prévenance de ces bonnes gens pour les étrangers, qui plaignent toujours le voyageur d'une patrie lointaine; en vivant parmi eux, leur simplicité fait éprouver tout le charme des premiers âges. On a dit avec raison que l'hospitalité est le point d'honneur de l'Orient. On la retrouve, aujourd'hui comme autrefois, parmi les enfants de Jésus-Christ et de Mahomet, comme parmi les adorateurs de Jupiter; et l'on pourrait dire : « Les Grecs ont l'hospitalité par tradition; les Turcs, par religion; car si le Coran pèche, et il pèche, (parce que tout ce qui n'est pas l'ouvrage de Dieu est imparfait), ce n'est point du côté de l'hospitalité, j'ajouterai même de la franchise. »

En quatre heures de temps je fus rendu au rivage de Salamine. Je fis une lieue dans les terres; je repris la mer, et je débarquai dans l'après-midi au Pirée. Je fus fort aise de revoir Athènes; j'y trouvai le bataillon qui était revenu de l'Eubée.

Au lieu d'hommes couverts de chlamydes déchirées et en lambeaux, de fastanelles noires à force d'être sales, et de bonnets rouges crasseux et râpés, je retrouvais des soldats vêtus à la française, portant de belles vestes bleues à collet rouge, de forts pantalons de drap, de superbes schakos avec pompons, de bons souliers, et non plus des sandales. J'avais vu des paysans partir pour l'Eubée, je revoyais des soldats. Des troubles continuels éclataient tous les jours parmi la troupe. Un grand nombre était près d'en venir à une sédition ouverte; d'autres quittaient la vie régulière, impatients de rejoindre leurs vieux chefs de bandes. Le mécontentement provenait de ce que le soldat n'était pas payé depuis plusieurs mois, et n'avait qu'une pauvre ration de pain d'orge par jour. La caisse du corps était sans argent. On avait demandé des fonds au gouvernement, qui peut-être n'en avait pas. Au milieu des bruits, le colonel Fabvier arriva tout-à-coup, il paya une partie de l'arriéré, et solda régulièrement; les mutins firent silence, les troubles cessèrent. La présence seule du colonel réjouissait les malheureux Hellènes, déja démoralisés par la malheureuse affaire de Carystos, et de plus, inquiets de l'absence d'un chef qui jouit parmi eux d'une grande popularité. Les rumeurs des Hellènes n'étonnent pas; une troupe non soldée devient rebelle. Si l'armée française, ou telle autre, était sans solde pendant plusieurs mois, et que le soldat n'eût qu'un pauvre pain d'orge et quelques olives, on verrait de beaux tapages dans les casernes; et certes les rois ne seraient pas à l'aise sous leurs lambris dorés: témoin la garnison de Strasbourg, en 1814, qui, n'étant pas soldée, en vint à une sédition, vit ses caporaux et ses sergents s'ériger en généraux et en gouverneurs, et braqua ses canons à la porte de son général, jusqu'à ce qu'il l'eût payée.

Après avoir contenté ses soldats, le colonel Fabvier revint à Napoli de Romanie; quelques jours après, les troupes d'Athènes reçurent ordre de s'y rendre, et ce fut là qu'on résolut d'aller s'établir à l'île de Poros, place bien choisie et position importante qui touche presque au continent.

J'allais me mettre en route avec le bataillon, lorsque M. Sébastopoulos, jeune homme distingué, avec qui j'étais lié à Athènes, et de retour depuis peu de l'Italie, où il était allé compléter ses études à l'université de Florence, m'engagea vivement à l'accompagner à Ténos, sa terre natale. Le même jour, nous allâmes au port noliser une barque, et nous fîmes voile pour Ténos, une des îles aujourd'hui les plus florissantes de la Grèce. En moins de trois heures nous arrivâmes devant Zéa, l'ancienne Céos. Nous descendîmes à terre, curieux de voir le lieu qui vit naître Simonide, qui fut un des professeurs de Pindare, et de Bacchylide, qui tenta de se montrer son rival, et du fameux sophiste Prodicus. Après une montée pénible, nous arrivâmes au village de Zéa, bâti en amphithéâtre, sur le revers d'une montagne qui domine au loin la mer. De loin, Zéa me présentait un assez beau coup d'œil; mais quand je fus à l'entrée du village, mon illusion se dissipa; je ne vis plus que des cabanes, des rues sales et impraticables. Il en est ainsi de tous les bourgs ou villages qui s'élèvent sur les îles de l'Archipel, si on en excepte Hydra, Spezzia, et plusieurs autres dont les maisons sont propres et élégantes. Dans tout le Levant, les villes même du continent qui sont littorales, telles que Napoli, Argos, vues de la mer, séduisent le navigateur, qui, à mesure qu'il approche, voit le prestige s'évanouir.

Nous quittâmes Zéa à trois heures après-midi, et continuâmes notre route pour Ténos. Poussés sur une mer brillante, par un vent favorable, nous fûmes bientôt en vue du bourg de San-Nicolo, qui offre, du côté de la mer, une perspective admirable. Nous descendîmes sur le quai, au milieu de la foule qui, le soir, s'y promène. M. Sébastopoulos me conduisit chez ses parents, qui me firent l'accueil le plus gracieux, et avec qui j'eus l'honneur de souper. Le lendemain, cet honnête jeune homme me fit monter à cheval avec lui; nous pénétrâmes dans l'île, qui est la plus fertile et la plus agréable de l'Archipel. A chaque instant, nous rencontrions de jolis villages, proprement bâtis, où régnaient l'aisance et le travail. Partout les femmes et les jeunes filles étaient à l'ouvrage; les unes filaient du coton, les autres de la soie, ou préparaient les feuilles de mûrier. C'est là que j'eus lieu de remarquer que les femmes de l'Archipel l'emportaient sur la beauté de celles du continent. Ce sont dans les premières des traits plus réguliers, de plus belles proportions dans les formes, des contours plus gracieux, plus arrondis, des physionomies plus variées, en un mot, un plus beau sang. La plupart sont d'une beauté rare, ont de fort beaux cheveux qu'elles nattent, et laissent flotter en arrière, après avoir ceint de leurs tresses leur tête en forme de couronne, qu'elles ornent de fleurs naturelles. On croit revoir les anciennes Grecques; ce sont leurs vêtements amples, légers, et convenables à la chaleur du climat. Quand elles sortent, un fin voile de mousseline, garni d'une lisière d'or, flotte sur leur tête et sur leurs épaules. Franches et ingénues, ces jeunes filles vous abordent avec cette familiarité qu'inspire l'innocence, et vous font le plus gracieux accueil quand vous passez près d'elles. Leur seul plaisir est d'exécuter des danses vives et légères, telle que *la roméca*, de se réunir le dimanche, d'aller se divertir aux champs, ou se promener au bord de la mer.

La chaleur excessive du milieu de la journée nous obligea de faire halte dans un petit bois de citronniers qu'arrosait un beau ruisseau. Nous remontâmes ensuite à cheval, et revînmes dîner au bourg de San-Nicolo. Le dîner que je fis ici, le lit qu'on me donna pour coucher, chose rare en Grèce; car depuis mon départ de Marseille, je n'avais pas vu de lit; en un mot, les manières, les usages de l'île de Ténos, me rappelaient les villes de ma patrie.

J'allais repartir le lendemain pour Napoli de Romanie, lorsque mon jeune hôte, plein de générosité, me pressa de rester encore quelques jours, désirant m'emmener à Smyrne sur un bâtiment neutre de Syra, qui devait, sous peu, appareiller de la rade de San-Nicolo. Comme il fallait encore attendre une dizaine de jours, il me proposa, avec un de leurs caïques, d'aller parcourir les Cyclades; j'acceptai avec plaisir l'agréable excursion.

Nous fîmes voile, le jour même, pour Syra. Je fus fort étonné, en m'en approchant, de voir comme une forêt de mâts dans ses eaux. Des bâtiments de toutes les nations mouillaient dans sa rade; Syra est le rendez-vous de tous les bâtiments étrangers; tous les navires de commerce y viennent chercher une escorte. L'île est très-vivante, et en dépasse beaucoup d'autres en civilisation, mais non en insurrection; car elle est restée paisible, et a continué de payer son tribut. Elle n'est peuplée que de catholiques, et c'est peut-être la seule dans l'empire ottoman où un même culte soit exclusivement professé.

Après avoir passé la journée à Syra, nous appareillâmes pour la flottante Délos, qu'ont tant chantée les poètes, et qu'ont immortalisée les beaux vers de Callimaque et de Pindare. Berceau de Diane et d'Apollon, c'est à Délos que s'élevèrent ces temples magnifiques qui furent témoins d'un culte universel dont le luxe n'avait pas alors d'égal. C'est à cette île, d'origine céleste, que de jeunes vierges accouraient de toutes les contrées de la Grèce pour honorer Diane et Apollon. Cette pensée me rappela alors deux beaux vers d'un chant lyrique d'un professeur distingué, de M. Tissot, qui a laissé de beaux souvenirs au Collége de France :

« Semblables à ces chœurs, que la riche Naxos,
« Ou la superbe Athène, envoyaient à Délos. »

On voit encore à Délos des ruines éparses, des restes de colonnes et de piliers de granit, et une foule de riches débris, tels que ceux d'une statue d'Apollon.

Au coucher du soleil, nous quittâmes Délos, et, profitant de la brise du soir, nous reprîmes la mer, et vînmes mouiller, dans la nuit, à Paros. Nous ne descendîmes à terre que le matin ; nous nous couchâmes dans notre bateau, où, au bruit du vent et de la mer, nous dormîmes tout aussi bien que dans une alcôve enfoncée, sur des coussins d'édredon. Au lever du soleil, je courais déja sur le rivage d'une des Cyclades les plus renommées. J'attendis mon compagnon ; la faim me pressait aussi bien que lui ; nous allâmes nous restaurer dans une pauvre chaumière du village de Paréchie, qui remplace l'ancienne Paros. Avec chacun quarante paras, ou une piastre, nous fîmes un bon repas, composé de poissons, d'agneau rôti, d'olives et de limons; nous avions une cruche de vin de Paros, et une autre de Naxos, que nous bûmes à la santé ou plutôt à l'immortalité de l'inventeur des vers ïambiques, du poète Archiloque que virent naître ces beaux lieux, et dont les talents satiriques firent le malheur, puisqu'un habitant de Naxos l'assomma.

Archilocum proprio rabies armavit iambo.

L'intérieur de Paros n'offre plus que de hautes montagnes; sa population à deux mille habitants environ; de misérables cabanes sont construites çà et là avec les riches débris des pompeux édifices de l'antiquité, surtout un château qui est bâti tout en marbre. J'allai voir les fameuses carrières de marbre de Paros. Nous y descendîmes par deux ouvertures, au pied du mont Capresso. Nous marchions religieusement sous ces voûtes d'où l'antiquité tirait tous ses temples et ses autels.

Nous quittâmes Paros à trois heures après-midi, et fîmes voile pour la riche Naxos. Sur le soir, nous descendîmes sur ses rivages, d'où nos yeux se promenaient avec enchantement sur de superbes coteaux couverts de vignes et d'oliviers; des bosquets de limonadiers, d'orangers et de citronniers parfumaient l'air de leurs fleurs odoriférantes, et charmaient à la fois la vue par la couleur dorée de leur fruits. Naxos prodigue, comme autrefois, tous les besoins de la vie à ses heureux habitants, plus heureuse que Cythère, dont le rocher stérile n'offre plus le riant séjour de la déesse des Graces et des Amours. Naxos n'a point oublié les doux bienfaits de Bacchus : sur ses fertiles coteaux mûrissent les vins les plus délicats de l'Archipel; Athénée les compare au nectar des dieux, et ils sont à vil prix ; pour dix paras, vous en avez une cruche au large ventre, et si vous la buvez tout entière, vous pouvez vous attendre à faire un sommeil d'au moins vingt-quatre heures. Tous les vins de l'Archipel sont à vil prix, parce que leur délicatesse empêche de les transporter, surtout celui de Naxos, qu'il faut boire sur les lieux. Nous pénétrâmes dans l'intérieur de l'île, où nous rencontrâmes des vallées charmantes, ombragées de grenadiers et d'orangers, entre lesquels serpentaient de limpides ruisseaux. Je disais à mon compagnon : « Je resterais volontiers toute ma vie à « Naxos, qu'ont aussi chantée tous les poètes, que « n'a point oubliée le tendre Properce, dans son « poëme à Bacchus :

Et tibi per mediam benè olenti flumine Naxon,
Undè tuum potant naxia turba merum.

— « Ah ! mon ami, me répondit-il, je disais comme « vous pendant mon séjour à Florence; que de fois, « oui, que de fois je me suis dit : Je veux me fixer « dans la capitale de la Toscane; je veux rester à « Forence, et jouir sous le beau ciel de l'Italie des « doux bienfaits de la civilisation, si tardive pour

« ma patrie; et treize mois plus tard, tant le sol « natal a d'attraits sur nos cœurs, je revoyais la « riante Ténos, assise sur une mer azurée, et j'em- « brassais pour jamais les vieux oliviers qui om- « bragent le toit paternel, tant de fois témoins des « jeux de mon enfance, et je préférais le pauvre « bourg de San-Nicolo à l'opulente cité de Flo- « rence. »

Après deux jours passés à Naxos, nous mîmes à la voile pour Nio, qui vit le père de la poésie grecque, le grand Homère, mourir sur ses rivages, au moment où il allait se rendre à Athènes pour y publier des vers à la louange des Athéniens. Si sept villes se sont disputé la gloire d'avoir été le berceau du grand homme, aucune ne dispute à Nio le triste honneur de l'avoir vu mourir. Chose surprenante, toute la terre s'entretient du nom du grand poète, et il est inconnu à Nio où repose sa cendre.

Le même jour, nous allâmes mouiller à Santorin; et comme la nuit était avancée, nous allâmes coucher au village de Nébrio. Le lendemain, nous fûmes visiter le fameux volcan de l'île, dont le foyer est placé à une immense profondeur dans les entrailles de la terre. Il est à redouter encore que l'éruption si terrible de 1707, où des rochers énormes furent lancés jusqu'aux nues et des torrents de soufre colorèrent les eaux, ne se renouvelle. Les habitants s'en mettent peu en peine, et dorment tranquillement. L'île, m'a dit un des primats, compte douze mille habitants, dont à peu près mille catholiques. Le vent favorable nous eût décidés à faire voile vers la petite île de Cos, si célèbre par la naissance d'Apelle et d'Hippocrate, l'oracle de la médecine depuis trois mille ans; mais les Turcs, qui continuent à chasser aux chrétiens dans cette île, nous en empêchèrent.

Nous fîmes voile dans l'après-midi, et, après avoir côtoyé les îles de Calimène et de Léro, nous vînmes mouiller à Patmos. Il était alors onze heures du soir : en France, la nuit eût été profonde; mais à Patmos, c'était une de ces nuits brillantes si communes dans la Grèce. Mes yeux dévoraient, avant d'être à terre, ce fameux rocher où saint Jean, dans son exil, écrivit l'Apocalypse. Il nous fallut coucher dans notre caïque, et le lendemain, à la pointe du jour, nous gravissions la montagne au sommet de laquelle s'élève l'église de l'Apocalypse. Nous allâmes trouver le supérieur du couvent, qui nous y conduisit, nous expliqua les miracles qui s'y opérèrent, après quoi il nous invita à passer au couvent, où nous fûmes assez bien traités par les moines. En échange de leurs bontés, je leur offris une petite Bible en latin, quoique la plupart d'entre eux ne sussent pas lire. De là nous appareillâmes pour Samos, où nous arrivâmes un dimanche matin. M. Sébastopoulos me conduisit chez ses connaissances, où on eut pour nous beaucoup d'égards. J'admirai la grande activité qui régnait parmi les habitants, travaillant sans relâche aux fortifications de leur île, s'attendant à recevoir la flotte ottomane, qui tant de fois les menaça. A Samos, on est déterminé comme à Hydra; et ce sont les deux forteresses navales de la Grèce, seules capables de se défendre. Les Samiens se sont organisés en compagnies, et font leur service avec beaucoup de zèle. Cette île, berceau de la déesse Junon et du philosophe Pythagore, offre peu de vestiges de son antique splendeur. Du temple fameux de la déesse qui y naquit sur les bords du fleuve Imbrasus, une seule colonne mutilée est encore debout. Mais la terre de Samos est toujours aussi fertile, et son vin si renommé se boit encore dans toute la Grèce. La nature est éternelle, les hommes et leurs ouvrages ne font que passer.

Comme il nous tardait d'arriver à Ténos, où était prêt à appareiller le bâtiment sur lequel nous avions passage pour Smyrne, nous quittâmes Samos sur le soir, rasâmes Nicaria, et, chassés par un bon vent, nous mouillâmes le lendemain dans la rade de San-Nicolo. La felouque grecque était prête à faire voile depuis la veille; nous nous hâtâmes de courir à bord; nous saluâmes Ténos, et nos voiles s'arrondirent au souffle des vents.

C'est un plaisir de naviguer sur cette mer, parmi ces îles qui sont semées sur sa surface avec le même beau désordre que les étoiles le sont dans le ciel. Au milieu de ces flots, on rencontre partout les habitations des hommes; ce n'est point l'Océan, où la vue ne se repose que sur une immense étendue, au milieu d'une solitude profonde.

Nous fûmes chassés rapidement jusques à l'entrée du canal de Scio; mais avant d'y pénétrer, nous louvoyâmes pendant plus de quatre heures. Nous allâmes jeter l'ancre dans le port de Scio, où nous descendîmes deux passagers. Je me promenai quelque temps sur le quai, et parcourus cette ville naguère si florissante, et dont les ruines et la solitude attesteront long-temps encore la férocité des Turcs, qui y exercèrent de si affreux ravages en 1822. La nature cependant, qui tous les ans rajeunit à la saison nouvelle, était toujours aussi belle et aussi riante; de riches forêts de citronniers et d'orangers couronnent Scio, et un beau platane ombrage son Agora que décore une superbe fontaine. Je retournai à bord; nous avions trois nouveaux passagers, dont deux jeunes filles de Smyrne. Nous appareillâmes à trois heures après-midi. Le vent, faible d'abord, s'accrut bientôt avec une telle force, qu'il nous fallut amener plusieurs voiles. Nous passâmes en face de Chesmé, qui me rappela la fameuse victoire navale que l'amiral russe Spiritow remporta sur les Turcs. Dès que nous eûmes gagné l'embouchure du golfe au fond duquel Smyrne est placée, nous fûmes constamment favorisés par la brise de terre qui ordinairement se lève pendant la nuit. Nous fûmes bientôt portés au-delà des îles de Dourlach; nous rasâmes le château qui domine le port; et, aux premiers rayons du soleil, Smyrne, avec ses hauts minarets et les dômes de ses mosquées, s'offrit à nos regards. Le 21 mai, nous jetâmes l'ancre dans son port, au milieu de nombreux navires.

La ville de Smyrne est située dans une position enchanteresse, en partie sur le revers d'une agréable colline que commande une forteresse, et en partie dans la plaine, au fond d'une baie profonde, fréquentée de cent nations commerçantes; au sud-est, d'âpres sommets la couronnent; à leur pied, s'étendent les fertiles et riantes campagnes de l'Asie-Mineure. On ne voit point à Smyrne de ces superbes édifices si communs dans nos grandes villes de Paris, de Lyon, de Marseille et de Bordeaux, ni de ces belles maisons de campagne qui les environnent. Le négociant se garde bien ici d'étaler ses richesses aux yeux du despotisme; leur ostentation a plus d'une fois coûté la vie et la perte de leurs biens aux imprudents.

Nous descendîmes, à huit heures, sur les quais, où circulait une foule nombreuse. A la vue des costumes européens et d'une multitude de chapeaux, je croyais me retrouver sur le port, à Marseille. Je ne pouvais satisfaire ma curiosité; j'allais, je venais au milieu de gens de toutes les nations que le commerce attire dans cette ville orientale, barrière placée entre les deux plus belles parties du monde, et rendez-vous des plus riches caravanes de l'Asie. Je perdis mon compagnon qui me cherchait de tous côtés. Nous nous retrouvâmes dans la rue des Francs, dans un café où vont tous les Européens. M. Sébastopoulos me conduisit aussitôt chez son oncle, établi à Smyrne, chez qui nous logeâmes. Ensuite nous parcourûmes Smyrne ensemble; nous allâmes au bazar, où je vis déployés toutes les marchandises du Levant et tout le luxe oriental. Je ne pouvais me lasser de contempler; je me trouvais dans un monde nouveau, au milieu d'hommes de diverses nations aussi différents dans leur manière de vivre et dans leur costume que dans leur religion et leur langage, parmi des Musulmans, des chrétiens, des Américains, des juifs, qui ont chacun leurs usages, leurs mœurs et leur religion à part.

Lorsque mon compagnon m'annonça que nous allions quitter Smyrne, j'éprouvai du regret de m'éloigner de la molle Ionie. Le 26 mai, nous montâmes à bord d'un bâtiment de commerce, qui faisait voile pour les îles de la Grèce. Après trois jours d'une navigation propice, nous vînmes mouiller dans les eaux de Syra; et dans l'après-midi, nous reprîmes passage sur un brigantin grec qui appareillait pour Napoli de Romanie; mais dans notre courte traversée, nous devions essuyer une légère tempête. Lorsque nous eûmes gagné l'embouchure du golfe d'Argos, nous vîmes des nuages sombres et affrayants se traîner lourdement sur les montagnes du Taygète; ils en enveloppaient les flancs et les sommets noirâtres : tout-à-coup, au milieu d'une nuit profonde, des éclairs répétés illuminèrent au loin la mer; la foudre, roulant d'une manière effrayante au-dessus de nos têtes, éclatait avec un horrible fracas, que prolongeaient au loin les échos des bois et des montagnes; la pluie tombait à torrents, comme si le ciel eût ouvert ses cataractes; notre léger navire plongeait tour-à-tour la poupe et la proue dans les vagues mugissantes; nous restâmes toute la nuit dans une cruelle inquiétude, quand tout-à-coup parurent les rayons bienfaisants du soleil qui vinrent rendre la pureté au ciel, le calme à la nature, et la consolèrent, en peu d'instants, de quelques heures de tourmente. Nos matelots oublièrent la tempête, rentrèrent dans la joie, et, bientôt après, nous laissâmes tomber l'ancre dans la belle rade de Napoli de Romanie.

CHAPITRE XIV.

Dans les premiers jours de juin, nous vîmes arriver, à Napoli de Romanie, un de ces généreux enfants de la Grande-Bretagne, sir Thomas Gordon, qui déja était venu en Grèce la première année qu'elle arbora le drapeau de l'indépendance.

Le gouvernement grec l'accueillit avec une sincère reconnaissance. Il passa la revue du bataillon nouvellement organisé à Napoli de Romanie. Satisfait de sa belle tenue et de son instruction avancée, il remit à l'état une somme exclusivement destinée à poursuivre l'organisation des troupes régulières.

A peu près à la même époque, le gouvernement recevait un autre secours. Les hardis bâtiments d'Hydra venaient de capturer un navire marchand de Livourne, qui se rendait à Alexandrie, portant soixante-dix mille talaris au pacha d'Égypte. Il fut conduit à Napoli de Romanie, et déclaré de bonne prise.

Dans cette circonstance, nous fûmes témoins d'une scène qui n'eût pu avoir que de funestes résultats. Les frégates *la Sirène* et *la Galatée*, le brick *le Cuirassier* et la goëlette *l'Estafette*, bâtiments de guerre français, étaient mouillés dans le golfe d'Argos. La goëlette *l'Estafette*, isolée des autres, était venue jeter l'ancre devant un château fort, situé en mer, devant Napoli de Romanie.

A l'entrée d'une nuit profonde, un navire grec fut obligé d'employer la force contre ce bâtiment de Livourne qui voulait fuir. La goëlette française, *l'Estafette*, prit parti pour ce dernier, et viola par cet acte la neutralité. Les Hellènes demandèrent du secours à leurs compatriotes renfermés dans le château. Les canonniers de cette forteresse courent aussitôt à leurs pièces, et déja un coup de fusil a été tiré sur le bâtiment français, et en un moment il eût été coulé à fond, si les Français n'eussent pas retiré leur intervention.

Ceux-ci informent aussitôt le contre-amiral de Rigny, qui se trouve à bord de *la Sirène*, qu'un coup de fusil a été tiré sur leur pavillon par les Grecs renfermés dans le château; leurs canons, ajoutent-ils, ont été même prêts à faire feu.

Le contre-amiral, indigné de l'insulte faite à son pavillon, ordonne aussitôt à son escadre de lever l'ancre, et de prendre une position à portée de canonner la ville. Déja tous nos marins sont à leurs pièces, et n'attendent qu'un ordre pour faire feu.

Une foule immense était accourue sur le quai, tremblante pour ce qui s'allait passer. Partout les Hellènes garnissaient leurs remparts, prêts à répondre aux assiégeants.

Dans cet intervalle, on intervient; l'affaire se calme, et la paix se rétablit des deux côtés.

Les Français, en agissant, eussent justement répondu à l'insulte faite à leur pavillon; mais cette insulte, ils l'avaient provoquée en intervenant dans une cause qui leur était étrangère.

Les divisions navales de la France et de l'Angleterre, dans les mers du Levant, gardent cependant aujourd'hui une neutralité satisfaisante. Celle des États-Unis montre une noble conduite; celle de l'Autriche seule, de la turcophile Autriche, encourt l'indignation de tous les amis de l'humanité. On sait que les vaisseaux autrichiens se sont déclarés ouvertement les amis des Turcs. Voici, parmi cent autres de cette nature, un fait qui le prouve:

Pendant mon séjour en Grèce, une goëlette de Spezzia, chargée du blocus de Modon, reçut l'ordre d'une corvette autrichienne d'abandonner sa croisière. Le capitaine grec ayant refusé, comme de droit, d'obéir au capitaine autrichien, celui-ci fit tirer plusieurs coups de canon, et il y eut six Grecs tués. La goëlette grecque, forcée d'amener son pavillon, a été conduite à Smyrne. Le gouvernement de la Grèce a de suite donné ordre, d'après ce fait éclatant d'hostilité, précédé déja d'une foule d'autres, d'arrêter provisoirement tous les bâtiments autrichiens qui se trouvaient à Napoli; ils étaient au nombre de douze, dont on s'est emparé jusqu'à la restitution de la goëlette.

Le 10 juin, je vis exécuter deux Grecs, condamnés à mort par une commission judiciaire nommée par le gouvernement ; car il n'y a pas encore de tribunaux. Le plus âgé des deux patients, qui pouvait avoir trente ans, était coupable d'assassinats ; l'autre, à peine âgé de vingt-trois ans, était un traître à la patrie ; il avait été pris dans le Péloponèse, portant des lettres d'Ibrahim-Pacha à la garnison égyptienne de Tripolitza. La manière dont on les conduisit au supplice et de leur exécution est assez étonnante. A dix heures du matin, on les tira d'une maison turque dévastée, qui servait de prison. On leur lia les mains derrière le dos, et ils furent placés entre deux haies de soldats réguliers ; un groupe de Palicares marchait sur les flancs, et fermait la marche du convoi funèbre qu'ouvraient plusieurs papas, qui, à force de misère, marchaient nu-pieds, couverts de robes déchirées : ces ministres indigents de Dieu chantaient l'hymne des morts ; des porte-cierges autour d'un porte-croix, précédés d'un grand fanal allumé, marchaient devant.

Arrivé hors de la porte d'Argos, le sinistre cortége s'arrêta en face des premiers arbres qu'il rencontra. C'étaient deux petits oliviers sauvages, qui étaient aussi bons que d'autres à servir de potence. On amena aussitôt un des patients au pied de l'arbre fatal. Un Grec lut sa sentence en présence d'un peuple immense ; les papas l'entourèrent, et lui firent embrasser le Christ. C'était le plus jeune ; on lui passa ensuite une corde double autour du col, on la noua, et on la repassa par-dessus la branche de l'arbre; plusieurs Grecs se mirent à la tirer; et quand le patient fut élevé à quatre pieds au-dessus du sol, ils attachèrent la corde au tronc de l'arbre, et il expira lentement. On saisit ensuite l'autre patient, qui voyait mourir son compagnon, et malgré ses prières pour obtenir sa grace, on le conduisit à un petit olivier semblable, qui était vis-à-vis, et on lui fit la même opération.

Le cadavre du plus jeune resta pendu pendant deux jours; un ancien camarade de l'autre, voulant mettre fin à sa honte, par un reste de pitié, vint, un quart d'heure après l'exécution, couper sa corde, et jeter son corps dans un fossé voisin.

Pendant mon séjour en Grèce, c'est la seule exécution dont j'aie eu connaissance, ainsi que d'une autre où l'homme et la femme furent pendus à Athènes.

Dans ce pays malheureux, où règne la plus affreuse anarchie, où le coupable est comme au-dessus de la loi, et compte sur son impunité, on est étonné de voir s'y commettre si peu de crimes; et à cet égard, la Grèce l'emporte sur les peuples civilisés.

A cette époque, les Grecs eurent à regretter une de ces pertes irréparables, à maudire un de ces grands outrages de la mort, et qui sont une calamité publique. L'archevêque de Patras, Germanos, président d'une des commissions du gouvernement provisoire de la Grèce, après quatre jours de maladie, venait, à l'âge de cinquante ans, de terminer, le 13 du mois de juin, à Napoli de Romanie, sa carrière glorieuse.

Une foule immense s'était portée à son convoi à l'église Saint-George, où il fut inhumé. Un archimandrite prononça son oraison funèbre, et la touchante éloquence du prêtre du Seigneur fit fondre en larmes l'assemblée nombreuse.

Il dit toutes les phases de la vie de Germanos: enfant de parents pauvres, pâtre du mont Ménale, et successivement grammatiste du métropolitain d'Argos, et de l'archevêque de Smyrne, Grégoire, depuis patriarche malheureux de Constantinople; né, comme lui, aux bords enchanteurs de l'Alphée, dans les riants vallons de l'Arcadie, *Arcades ambo;* puis archidiacre de Joachim, archevêque de Cyzique; ensuite exarque de l'église orthodoxe; enfin archevêque de Patras.

Intrépide soldat de l'église militante d'Orient, rempli de la lecture des livres saints, doué d'une haute vertu et d'une haute éloquence, de cette foi vive et brûlante qui transporte les montagnes, parlant, avec une mollesse et une suavité dignes de l'école académicienne, la langue harmonieuse d'Homère, Germanos, entouré de quinze cents paysans du mont Cyllène, arbora le premier dans Calavryta l'étendard de la croix; et, quittant tour-à-tour la mitre pour le casque, en habile général, il conduisit dans les combats les races belliqueuses de la Hellade, et, nouveau Judas Machabée, ne cessa de couvrir sa patrie du bouclier.

La situation des affaires de la Grèce n'était pas alors aussi passive qu'on le croyait en Europe. La chute de Missolonghi avait relevé les esprits au lieu de les abattre. L'approche du danger avait tout-à-coup réveillé la plupart des Hellènes, surtout les Péloponésiens, un moment endormis. De toutes parts des secours abondants leur arrivaient. Vingt-six Philhellènes, presque tous officiers français, abordaient à Napoli de Romanie, et allaient rejoindre le colonel Fabvier.

C'est ici le lieu de justifier les Grecs de ceux qui les accusent de mal accueillir les étrangers que le désir de combattre pour la liberté amène sur leur territoire. Les Hellènes sont généralement hospitaliers; ils partagent avec celui qui se présente leur sobre repas. Voyageur dans la patrie d'Homère et de Léonidas, plusieurs fois isolé et dénué de tout, les belliqueux enfants du Pinde et du Parnasse m'ont accueilli sous leurs tentes et ont pourvu à mes besoins.

Ceux-là qui ont jeté de la défaveur sur les Grecs sont les gens de qualité qui savaient sans doute ne pas retrouver parmi eux, sous la rouille qui les couvre, les douceurs de l'Europe, les jeux d'Olympie, les fêtes d'Athènes et de Corinthe, et les vierges de Sparte, mais parvenir du moins à être leurs principaux chefs, et à obtenir des titres et des cordons, et bien plus à faire fortune. Mais ils furent bien désenchantés à la vue de ces vieilles bandes, couvertes des haillons de la misère et des lambeaux de l'indigence, qui couraient en armes de part et d'autre dans la campagne, couchant tantôt dans le creux des vallées et au sommet des montagnes, ne mangeant que du pain d'orge et de maïs, des ognons crus et des olives. Combattre et souffrir ne convenaient pas à des hommes propres à une campagne à l'européenne, et qui ne pouvaient se faire aucune idée de la férocité et de la haine profonde que les Grecs et les Turcs se vouaient réciproquement.

Deux bâtiments, venant des îles Ioniennes, chargés de provisions, expédiés par M. Eynard de Genève, membre du comité grec de Paris, mouillaient en même temps dans le golfe Argolique, et consolaient la population nombreuse de Napoli de Romanie. Le nom de l'honorable Philhellène était dans toutes les bouches; partout on bénissait le citoyen de Genève, dont le zèle infatigable à soutenir la plus juste des causes ne s'était pas un moment ralenti depuis le début de l'insurrection.

L'immense population de Napoli de Romanie, disait un jour M. le président grec Zaïmis à M. le général Roche, graces aux soins de M. Eynard de Genève, mange du pain français.

La rare munificence de cet honnête citoyen est aujourd'hui connue de l'Europe entière. Les cent voix de la renommée ont proclamé ses dons généreux de toute espèce en faveur des Hellènes. Le nom d'Eynard est devenu populaire en Grèce; et si ces belles régions, comme on l'espère, parviennent à conquérir leur indépendance, ce digne et fidèle amant de la liberté aura pris une grande part à la gloire de cette noble conquête. Les Hellènes raconteront à leurs neveux, et ceux-ci à leurs descendants jusqu'à la postérité la plus reculée, la haute munificence de M. Eynard. L'histoire, l'impartiale histoire, saura décorer d'une couronne immortelle le front de cet homme de bien, de ce généreux Philhellène, tandis qu'elle couvrira de fange et de boue ceux de nos Turcophiles, spectateurs cruels de l'humanité souffrante, et à jamais acharnés contre l'esprit de révolution et de liberté.

Peu de jours après l'arrivée des bâtiments envoyés par M. Eynard, arrivèrent aussi dans la rade de Napoli de Romanie trois bricks anglais, chargés de munitions et de projectiles pour les bâtiments à vapeur du lord Cochrane, attendu incessamment. L'arrivée de cet amiral philanthrope dans les mers du Levant amènera un grand événement politique. Avec son génie, ses ressources et son habileté maritime, il pourra changer la face de l'Orient. Au seul bruit de son nom, les Hellènes brûlent d'enthousiasme, et les Ottomans sont saisis d'épouvante. Il serait beau pour ce vaillant homme de mer, sur qui l'Europe fixe aujourd'hui ses regards, d'assurer l'indépendance de la plus célèbre contrée de l'ancien monde, après avoir assuré celle d'une contrée vierge encore du nouveau.

Ces secours préliminaires furent d'un bon augure pour les Hellènes. Le moral des uns déja chancelant se releva avec fierté. Au milieu de l'enthousiasme général, fut de retour de sa mission le commodore Hamilton, commandant les forces navales de l'Angleterre dans le Levant, qui avait été chargé par l'assemblée nationale de porter à M. Canning, ambassadeur de S. M. Britannique à Constantinople, des propositions de paix à la Sublime Porte. La négociation du diplomate avait échoué comme on s'y attendait. Sa réponse fut que le divan n'avait pas même voulu écouter l'ouverture de ses propositions d'une paix conditionnelle avec ses rayas, les Grecs.

Heureusement que la réponse de Sa Hautesse Mahmoud II et de ses fiers ministres fut négative; car la masse de la nation grecque eût rejeté tout arrangement : vaincre ou mourir pour la patrie, θνήσκειν περὶ Πατρίδος, telle fut toujours sa devise, et jamais elle n'avait été plus fortement enracinée dans les esprits. La révolution est trop avancée, disaient les Hellènes, pour que l'on s'arrête dans une aussi belle route. Nous voulons donner à la patrie une liberté entière, ou nous ensevelir tous sous ses ruines.

Nous devons dire ici, pour l'honneur national, que jamais cette proposition de soumission conditionnelle au sultan n'a été approuvée par la masse du peuple grec. Ce funeste projet doit être rejeté tout entier sur une faible majorité des primats qui, appuyés par une puissance dont la politique n'a jamais joué de rôle que là où il y avait à gagner pour elle, a voulu exploiter les affaires des Hellènes dans son propre intérêt. Parmi ce petit nombre d'hommes chez qui les richesses, l'ambition et la soif du pouvoir avaient prévalu sur l'amour de la patrie, on en remarque avec douleur dont l'intention coupable visait depuis long-temps à l'hospodarat de la contrée.

Le général en chef des troupes du Péloponèse, Colocotroni, qui, avec ses vieilles bandes, se trouvait alors à Napoli de Romanie, se disposa à marcher sur trois colonnes. Il établit un camp près de Tripolitza, où la garnison turque, forte de deux mille hommes, se trouvait toujours bloquée, et échelonna le reste de ses troupes sur trois lignes parallèles parmi les nombreux défilés qui conduisent du centre du Péloponèse à Napoli de Romanie. La tactique de ce fameux chef de guérillas consistait à garder l'offensive, et à arrêter les masses ennemies dans les gorges difficiles par où il leur fallait nécessairement passer pour déboucher dans la vaste plaine d'Argos, et arriver sous les murs de Napoli de Romanie.

Il était accompagné de son chef d'état-major, de M. Lavillasse, officier français, de Carpentras, près d'Avignon. Ce brave Philhellène combat depuis sept années pour l'indépendance de la Grèce, où il est naturalisé et promu au grade de colonel. Officier de la grande armée française, il fut, en 1820, victime des déplorables événemens politiques dont eurent à gémir Lyon et Grenoble, et, sans respect pour les lois de la morale et de l'honneur, on le jeta furtivement, comme l'infortuné Caron et tant d'autres, dans une de ces conspirations factices qui alors commençaient à éclore sur tous les points de la France.

Déporté de sa patrie, qu'il avait servie pendant vingt ans, et voulant illustrer son exil, M. Lavillasse tourna ses regards vers la Grèce, qui alors soulevait sa chaîne. Il eut bientôt franchi les mers, et se trouva tout-à-coup dans les montagnes du Péloponèse, sous le Labarum, parmi les troupes belliqueuses de Colocotroni ; soldat sur une terre étrangère, ce dernier lui fit reprendre son rang de capitaine. Il devint bientôt colonel, et suivit constamment la fortune de ce général, qui l'a choisi pour son chef d'état-major. Il jouit de toute la confiance de ce vieux guerrier : ce sont deux compagnons d'armes inséparables ; ils ont assisté ensemble à cent combats, et vingt fois leurs larges sabres à deux tranchants, et leurs poignards étincelants d'or, pris de leurs propres mains au pacha de Tripolitza, se sont teints du sang des Barbares.

Le général Gouras [1], avec ses belliqueux Palicares, commandait toujours la place d'Athènes, et

[1] Il a été tué depuis, dans une sortie de l'Acropolis d'Athènes.

avait l'œil ouvert sur la Grèce orientale. Karaïskaki[1] attendait avec les siens, du côté de Salone, Koutahi-Pacha, qui, à la tête de ses Albanais, portait partout le fer et le feu dans la campagne.

L'isthme de Corinthe était fortement gardé; des camps étaient partout établis dans l'Argolide. Le colonel Fabvier, avec sa brigade composée de quinze cents hommes d'infanterie, de cent cinquante chevaux, et d'une compagnie d'artillerie, s'était porté à la péninsule de Méthana. Deux mille hommes de troupes irrégulières arrivaient aussi à Hydra, place hérissée d'artillerie. On ne peut faire trop d'efforts pour la défense de cette île, la plus riche de l'Archipel; car c'est de son salut que dépend aujourd'hui le sort de la Grèce. Hydra est la forteresse navale de la Grèce, et la clef du golfe d'Argos pour aller bloquer la ville de Napoli de Romanie, l'unique boulevard du Péloponèse. Aussi c'est sur Hydra que dirige toutes ses forces la flotte ottomane.

Ibrahim-Pacha, avec les débris de son armée, restait depuis un mois dans l'inaction, attendant, avec impatience, des renforts de l'Égypte. S'étant avancé, dans les premiers jours de juillet, jusque sur le territoire du Magne, il fut complètement battu par les troupes de cette contrée belliqueuse, et obligé de se replier sur la Grèce occidentale.

M. le général Roche avait alors terminé sa mis-

1 Tué le 6 mai dernier, près d'Éleusis.

sion. Il était resté quinze mois à Napoli de Romanie en qualité de représentant du comité grec de Paris près le gouvernement provisoire de la Grèce. Malgré les lettres de félicitation qu'il reçut à son départ des autorités, on l'accusa de n'être pas en harmonie avec elles. Il avait, disait-on, outre-passé son mandat. Le comité de Paris l'avait envoyé en Grèce pour diriger les Hellènes dans leurs opérations militaires, et il s'était immiscé dans leurs affaires politiques, et les avait engagés à changer leur forme de gouvernement.

Nous rapporterons, pour sa justification, les propres paroles du général, dans une de ses lettres au comité.

« Si c'est un crime, dit M. le général Roche, « d'avoir approuvé les Hellènes dans la proposition « qu'ils m'ont faite de changer l'ordre de leur gou- « vernement représentatif en une monarchie con- « stitutionnelle, j'avoue alors ma culpabilité. Mais « comment pouvais-je les détourner de cette réso- « lution? Il est vrai que je n'avais pas de mandat « pour une pareille mission; mais j'eusse été bien « coupable, aux yeux des gens de bien, si j'eusse « détourné cette nation de ses projets. »

Néanmoins M. le général Roche laissa en Grèce les plus beaux souvenirs du comité philhellénique de Paris. Il sut faire chérir le nom français dans ces contrées où vont combattre pour l'indépendance un grand nombre de nos compatriotes. Tous les Philhellènes qui abordent aux terres de la Hellade loueront toujours la conduite éminemment hospitalière de cet officier-général, qui, séparé de son épouse et de ses enfants, n'avait d'autre consolation, dans la maison en ruine qu'il occupait à Nauplie, que de reposer sa vue sur la mer d'Argos et les belles campagnes qui l'environnent.

On vit, quelques jours après son départ, arriver à Nauplie M. le comte Eugène d'Harcourt, membre du comité grec de Paris. L'illustre Philhellène apporta cent trente mille francs, distribua partout où les besoins étaient les plus urgents, et repartit pour la France.

La situation de la Grèce, quoique passive, n'était pas désespérée, comme on le croyait en Europe. Elle possédait encore de fermes boulevards, contre lesquels viendra s'anéantir la férocité ottomane. Les citadelles d'Athènes et de Corinthe étaient garnies d'artillerie et approvisionnées pour une année entière. La forteresse de Monembasie se trouvait en pareil cas, et Napoli de Romanie avait des provisions pour six mois, et sa citadelle la Palamide pour un an; d'ailleurs cette ville ne redoutait pas la disette, tant qu'elle serait maîtresse de son golfe, où n'osaient pas s'enfoncer les vaisseaux turcs à la vue des hardis brûlots d'Hydra et d'Ipsara, qui, sentinelles vigilantes, croisaient toujours dans ces parages.

En ce moment, un calme profond régnait dans toute la Hellade, malgré les nuages noirs et condensés qui pesaient sur son territoire, et qui annonçaient la plus violente tempête; mais ce calme était le calme précurseur de l'orage, dont le tonnerre ne grondait encore que dans l'éloignement: ce calme était celui qui règne sur l'Etna. Le silence règne au haut de la montagne, mais ouvrez ses flancs embrasés, vous y verrez le feu qui bouillonne et tourbillonne dans les entrailles du volcan qui menace d'une explosion prochaine; ouvrez les cœurs de tous les Hellènes, dans cet asile sacré, vous contemplerez la liberté dans toute sa force, dans toute son énergie, dans tout son feu, qui aussi bouillonne et tourbillonne, s'agite et se tourmente, et menace d'une explosion, mais plus terrible et plus effrayante que celle de l'Etna.

Quelles sont donc les forces si imposantes dont la Grèce a besoin pour être affranchie? Quelques régiments d'infanterie française, et plusieurs compagnies d'artillerie, pas davantage. Ce n'est point ici une de nos guerres d'Allemagne où il s'agissait d'un grand déploiement de forces militaires. Entre les Grecs et les Turcs on ne rencontre aucune de nos batailles rangées. Hormis quelques affaires qui coûtèrent la vie à plusieurs milliers d'hommes, telles que celles qui eurent lieu dans les défilés du Trété, à Scio, à Ipsara, devant Missolonghi, et devant Athènes, ce ne sont qu'escarmouches, combats partiels et sans cesse répétés.

Il serait à désirer de voir aborder en Grèce une légion d'étrangers de trois à quatre mille hommes, semblable à celle qui combattit pour l'indépendance de l'Amérique. Mais qui l'entretiendra? dira-t-on; le pays est dévasté; il n'y a plus de récolte; les Grecs errent dans leurs montagnes, sans asile et sans pain, ou se voient cernés dans deux ou trois places fortes. Là le vainqueur, comme c'est la coutume, ne pourra vivre de la guerre. Cela est vrai; mais à cet égard quelques capitalistes ne pourraient-ils pas former une espèce de banque nationale, qui subviendrait à l'entretien de la légion? Les banquiers auraient hypothèque sur les propriétés du pays, qui sont immenses, et qu'ils vendraient ou exploiteraient avec de prodigieux bénéfices.

On est étonné qu'un de ces généraux marquants de l'ancienne armée de Napoléon, un de ces illustres capitaines chéris du soldat, tels que l'intrépide Excellmans, Drouot [1], Gérard, Dumas, ou Sébastiani, dont on reconnaît la sagesse dans les négociations aussi bien que la valeur dans les batailles, n'aient pas donné à quelques centaines de leurs compagnons d'armes rendez-vous de se trouver à telle époque, munis de cinquante ou

1 En passant à Nancy, à mon retour de Grèce, j'allai voir ce fidèle général; je le trouvai dans sa petite maison, située dans un jardin hors de la ville. Il était absorbé sur des cartes géographiques, et parcourait sans doute en esprit ses anciens champs de bataille. Il me dit qu'il avait été prêt à partir pour la Grèce, mais qu'un instant les divisions de ce pays l'avaient arrêté, et que depuis il était devenu impotent, d'anciennes blessures lui causant des rhumatismes qui le retenaient captif depuis un an.

cent écus, sur un point de la Méditerranée, où, réuni, le bataillon des braves eût fait voile pour la Grèce. Ces vétérans de la victoire, ces vrais guerriers échappés aux foudres de vingt batailles, rangés sous les armes dans l'Agora de Napoli de Romanie, à la vue d'une population nombreuse, eussent, dans vingt quatre heures, changé la face des affaires, donné un frappant modèle de troupes régulières aux Hellènes, et secondé des vieilles bandes de Karaïskaki et de Colocotroni; purgé, en peu de jours, l'Attique des plus farouches Ottomans, et le Péloponèse de ces bandes d'esclaves nègres, accourus du fond de l'Afrique pour égorger sa population et mettre tout en cendres. Ces braves eussent poussé plus loin leur valeur; à l'aide d'un vaisseau de haut bord, de deux frégates, des bricks de Spezzia, et des intrépides brûlots d'Hydra et d'Ipsara, avant huit jours, avec l'audacieuse marine de la Grèce, ils franchissaient les Dardanelles, et se trouvaient tout-à-coup à manger le pilau dans le palais du commandeur des croyants.

Si monseigneur le duc d'Orléans, dont les Grecs demandaient un des fils pour roi, eût envoyé une frégate bien armée, et quatre ou cinq bataillons de notre infanterie, ces troupes, sous les armes dans l'Agora de Napoli de Romanie, sauvaient la Grèce et faisaient sur-le-champ proclamer roi son fils. Semblable au navigateur qui s'attache à la première planche de son vaisseau au moment du naufrage, tous les Hellènes, retrempant leur moral, se réunissaient et s'attachaient autour du jeune prince français, dont le nom eût bientôt été répété des rivages de la mer d'Argos jusqu'aux plages du Bosphore.

Mais le prince bienfaisant, véritablement aimé du peuple français, a fait d'autres sacrifices pécuniaires pour l'affranchissement de la Grèce. Au milieu de la froideur et de l'indifférence cruelle des cours de l'Europe, le noble duc s'est montré le protecteur du courage et de l'infortune des chrétiens d'Orient. Ses secours abondants auxquels se sont joints ceux de son auguste famille si aimante et si généreuse, ont consolé les Grecs de l'abandon des rois, sont venus essuyer leurs larmes, et arracher aux tourments de la faim une foule de malheureux. Aussi, voyageurs aux terres de la Grèce, nous avons vu tout un peuple bénir le nom d'un de nos princes français; et si un jour la fortune le conduit aux rivages de la Grèce, sa plus douce satisfaction sera sans doute de voir sa mémoire vénérée dans l'ancienne patrie des dieux et des héros.

Monseigneur le duc d'Orléans s'est acquitté généreusement de la dette sacrée envers la civilisation, dont nous firent présent les ancêtres de ces Grecs qui combattent aujourd'hui; les peuples ont également payé la leur; on n'attend plus que celle des rois pour donner au monde une nation nouvelle et l'arracher à la barbarie musulmane.

Ici se termine mon séjour en Grèce; la pureté de son air, la beauté de son ciel, le calme de la nature, m'inspiraient le regret d'en sortir.

Disposé à retourner en France, le contre-amiral de Rigny, qui se trouvait à bord de la frégate *la Sirène*, mouillée dans la rade de Napoli de Romanie, me donna passage sur un bâtiment du roi. Je partis de cette ville pour l'île de Milo, sur le brick *le Marsuin*. Après être resté huit jours dans cette île, je repris passage à bord de la goëlette *l'Estafette*, commandée par M. Vaillant, lieutenant de vaisseau. Après avoir accompagné un de nos bâtiments de commerce jusqu'à la ville de la Sude en Candie, et côtoyé le fameux mont Ida berceau de Jupiter, et les rivages célèbres de la Crète aux cent villes, nous jetâmes, non sans regret, un dernier regard sur la mer harmonieuse qui baigne la patrie d'Homère et de Platon; et après vingt-six jours d'une navigation fort agréable et fort douce, quelquefois contrariée par des calmes, nous aperçûmes avec plaisir les sommets lointains de Toulon, et abordâmes avec joie aux côtes fortunées de la Provence, heureux de respirer le doux air de la patrie, plus suave que les parfums de l'Orient!

CONCLUSION.

Omnis spes Danaûm, et cœpti fiducia belli,
Palladis auxiliis semper stetit......
VIRG., *Æneid.*, lib. II.

APRÈS tous les généreux sacrifices pour son affranchissement de la part de tant d'honnêtes citoyens de la France et de l'Europe, la Grèce retombera-t-elle sous le joug de fer des Ottomans ? Succombera-t-elle à la funeste invasion des Arabes qui brûlent aujourd'hui ses villes, et ravagent ses campagnes? Non; car la liberté est en ce moment devenue aussi nécessaire aux Grecs que l'air qu'ils respirent. Non; car il est une maxime aussi ancienne que la liberté, c'est que depuis le gladiateur romain Spartacus jusqu'au chef des nègres Toussaint-Louverture, des esclaves en armes ne rentrent plus sous le joug de la servitude; ils triomphent, ou disparaissent de la surface de la terre.

Les nobles descendants de Thrasybule et de Léonidas ont brisé pour jamais leurs chaînes, et ne s'arrêteront point dans leur révolution salutaire. La Grèce s'indigne d'avoir sommeillé si long-temps dans la servitude, d'avoir vu son nom sacré traîné, pendant quatre siècles, dans la poussière, et partout ses enfants font briller les flambeaux et les armes. Un peuple d'esclaves s'est changé tout-à-coup en un peuple de héros. Les cris de liberté, de haine aux tyrans, s'échappent de toutes les bouches. Une foule de beaux souvenirs de la Grèce antique électrise tous les esprits : ce sont les mânes outragées de Miltiade, de Thémistocle, et de tous les héros morts à Marathon, à Platée, à Salamine, qui crient vengeance contre les farouches enfants d'Ottoman ; c'est Léonidas, avec ses trois cents compagnons, qui sort des Thermopyles pour haranguer les Hellènes ; de toutes parts, c'est la terre de la civilisation profanée, ce sont les droits les plus saints outragés et violés, les femmes, les enfants égorgés par le cimeterre musulman, qui ont changé les riantes contrées de la Grèce en un vaste champ de bataille couvert de sang et de ruines.

Oui, la bonne cause triomphera, les Grecs seront vainqueurs, n'en doutons pas, parce que le peuple qui a juré de combattre pour sa liberté jusqu'à la dernière goutte de son sang, remporte toujours la victoire. L'arrêt terrible porté depuis long-temps contre l'empire des Ottomans, va s'accomplir enfin. Nous verrons s'écrouler sous sa propre masse, cet empire corrompu fondé sur le despotisme et la mollesse. En vain le cruel Mahmoud a mis en campagne ses hordes vagabondes d'Asie et d'Europe, les gorges du Péloponèse ont été leur tombeau; et c'est dans ces mêmes gorges que s'avancent, pour succomber aussi, ces Égyptiens qui se partagent déja le territoire de la Grèce.

Vainement les *vrais croyants* invoquent les cieux et le prophète, Mahomet est mort, et les cieux répondent: Ne nous invoquez pas, vous ne feriez qu'allumer notre foudre; vous avez suscité tous vos maux, c'est à vous de les guérir. Si vous aviez suivi les lois simples de la nature, imité l'exemple des guerriers vos ancêtres, vous ne seriez pas où vous en êtes. Mais votre sultan a voulu appesantir son bras de fer sur des peuples innocents; le despotisme, la cupidité, la soif du sang, ont été ses seuls ministres pour gouverner; et les peuples gémissants ont crié vengeance, et le lion endormi s'est réveillé et a dressé sa crinière sanglante.

Oui, l'empire du Croissant tombera comme tant d'autres empires élevés sur le despotisme; les Turcs seront chassés de l'Europe, où ils n'ont apporté que la peste et les massacres, et la race ignorante et féroce des Osmanlis refoulée dans les déserts de l'Asie, d'où elle n'eût dû jamais sortir. Le sanguinaire Mahmoud, errant en vagabond avec ses bandes dévastatrices, n'épuisera plus, au milieu des odalisques de son sérail, la coupe des voluptés. Il n'engloutira plus dans un repas tous les revenus de l'Archipel: le laboureur du Péloponnèse moissonnera pour ses enfants; et les productions de son champ arrosé de ses sueurs, n'iront plus alimenter l'oisiveté et l'insolence du Musulman. Nous les verrons à leur tour, ces Barbares, défricher la terre sous le soleil brûlant des contrées qui les ont vomis parmi nous.

O vous, qui, à la face du monde, vous êtes unis par une sainte alliance; vous, souverains et potentats de l'Europe, pouviez-vous rester encore froids spectateurs de l'héroïsme malheureux d'une poignée d'hommes invincibles? Pouviez-vous contempler d'un œil sec tant de massacres, tant de scènes déchirantes qui affligent la Grèce, depuis six années couverte de désolation et de deuil? Ne songiez-vous pas à mettre un frein à la férocité des sanguinaires adorateurs de Moloch, acharnés contre la religion du Dieu vivant? Ah! malheur, malheur à vous, si vous laissiez plus long-temps encore couler le sang chrétien qui crie vengeance au ciel. Oui, vous en répondriez un jour devant l'Éternel, de cette politique inhumaine qui vous ferait trahir la plus juste des causes.

La religion est-elle donc entièrement veuve de ces ministres fervents, de ces Pierre, de ces Bernard, dont l'éloquence entraînante faisait fondre en larmes le peuple au milieu des villes et des campagnes, au récit des malheurs des chrétiens d'Orient, et précipitait dans ces régions lointaines, contre les infidèles, des armées nombreuses? Honneur à ce jeune orateur du clergé français que nous avons entendu récemment, sous les voûtes antiques de Saint-Germain-l'Auxerrois, plaider la noble cause des Grecs devant le premier corps littéraire du royaume, et demander si nous n'avions plus de ces Philippe-Auguste, de ces saint Louis, de ces rois vaillants et chevaleresques, amants de la gloire, et défenseurs de la religion [1] !

Mais autres temps, autres mœurs, direz-vous. Les croisades ne sont plus de saison dans le siècle de la philosophie et des lumières, et dès long-temps elles ont été couchées dans les annales des folies humaines. Mais si celles entreprises jadis pour la délivrance des saints lieux ont été la plupart honteuses pour l'humanité, scandaleuses pour la religion, ont quelquefois armé des chrétiens contre des chrétiens, se sont aigries par le fanatisme, se sont enflammées par la cupidité, et ont fait de l'Orient un théâtre de crimes, de carnage et de dévastation, il n'en serait pas de même de celle que des peuples civilisés entreprendraient aujourd'hui, pour arracher à la barbarie musulmane tout un peuple chrétien qui nous tend les bras, où l'enfance est livrée à l'apostasie, la vieillesse au massacre, et la pudeur à la prostitution. Elle serait sous les auspices de la philanthropie, de l'humanité, celle-là qui aurait pour but d'arrêter les honteuses saturnales de ces Mahométans féroces, qui se rassasient de sang et de débauche

1 Panégyrique de saint Louis, prononcé devant l'Académie française, le 25 août 1827, par M. l'abbé Caire, aumônier du Collége de Henri IV.

dans la patrie d'Aristide, qui outragent la pudeur, la religion, égorgent les ministres jusque dans le sanctuaire, renversent les autels, foulent aux pieds les images sacrées, emploient les calices aux plus licencieux festins, profanent les églises par des orgies et par des danses lascives, traînent les vieillards, les femmes et les enfants en esclavage, et livrent l'innocence des vierges à la brutalité du vice.

« Notre siècle, dit quelque part M. de Château-« briant [1], verra-t-il donc, sans indignation, des « hordes de sauvages étouffer la civilisation re-« naissante dans le tombeau d'un peuple qui a « civilisé la terre? La chrétienté laissera-t-elle « tranquillement des Turcs égorger des chrétiens? « Et la légitimité européenne souffrira-t-elle que « l'on donne son nom sacré à une tyrannie qui « aurait fait rougir Tibère?

« Avec quelle joie, dit cet éloquent écrivain, « notre belle France, qui a laissé tant de grands « souvenirs en Orient, qui vit ses soldats régner « en Égypte, à Jérusalem, à Constantinople, à « Athènes; la France, fille aînée de la Grèce par « le courage, le génie et les arts, contemplerait « la liberté de ce malheureux pays, et se croise-« rait pieusement pour elle! Si la philanthropie « élève la voix en faveur de l'humanité; si le « monde savant, comme le monde politique, « aspire à voir renaître la mère des sciences et « des lois, la religion demande aussi ses autels

1 Note sur la Grèce.

« dans la cité où saint Paul prêcha le Dieu in-
« connu.

« Quel honneur pour la restauration d'attacher
« son époque à celle de l'affranchissement de la
« patrie de tant de grands hommes! qu'il serait
« beau de voir les fils de saint Louis, à peine ré-
« tablis sur leur trône, devenir à la fois les libé-
« rateurs des rois et des peuples opprimés!....

« Nous, simples particuliers, dit ce noble pair,
« redoublons de zèle pour le sort des Grecs; pro-
« testons en leur faveur à la face du monde; com-
« battons pour eux; recueillons dans nos foyers
« leurs enfants exilés, après avoir trouvé l'hospita-
« lité dans leurs ruines.

« En attendant des jours plus prospères, que
« cette généreuse et brillante jeunesse continue à
« lever un tribut sur ses plaisirs pour secourir le
« malheur. On sait ce qu'elle vaut, cette jeunesse
« française! Que ne pourrait-on point faire avec
« elle, en lui parlant son langage, en la dirigeant
« sans l'arrêter sur le penchant de son génie; tou-
« jours prête à se sacrifier, toujours prête à faire
« dire à quelque nouveau Périclès : *L'année a*
« *perdu son printemps.* »

Malgré les résolutions immuables d'une politique inhumaine, la Grèce marche à grands pas
à sa liberté. Les montagnes du Péloponèse et les
eaux de l'Archipel sont tous les jours témoins des
succès que ses enfants remportent sur les Barbares.
La Hellade tout entière est entrée dans la cuve

de Médée : il a fallu la *hacher* pour l'y abattre; mais elle en sortira toute jeune et toute vigoureuse; elle y puisera un sang nouveau, et déja on la voit s'agiter aujourd'hui dans les langes de son enfance robuste et toute nouvelle, et contempler avec dédain les lambeaux de sa vieillesse passée.

Le joug de la servitude a pesé trop long-temps sur les nations avilies. Nous avons vu de nos temps le monde matériel bouleversé pendant trente années entières. Il semble à présent que ce soit au tour du monde spirituel, et qu'une nouvelle ère a commencé pour les esprits comme pour les peuples. Il est temps que la liberté renaisse, et fasse de nouveau leur félicité. L'ancienne Grèce fut le berceau de la liberté, et c'est du sein de cette liberté que jaillirent bientôt ces vifs rayons de lumière qui ont éclairé le monde. La liberté éclairera de nouveau les lieux qui la virent naître, et fera l'éternelle félicité des nobles descendants d'Aristide et de Léonidas.

A l'entrée du quinzième siècle, la Grèce et l'Amérique, courbées sous le joug du servage, se montrent aujourd'hui victorieuses devant leurs tyrans honteux et confondus. L'immense hémisphère du Nouveau-Monde n'était peuplé, il y a quelques siècles, que par des sauvages et des peuples à demi civilisés, qui, sous la rouille qui les couvrait, étaient plus barbares que les sauvages mêmes. Dans moins d'un demi-siècle, la situation de ces vastes contrées a été changée; le nom sacré de la liberté a retenti des rives de la baie d'Hudson jusqu'à l'isthme de Panama, de là sur les hauteurs de Cimboraçao, et de là enfin jusqu'à la terre de Feu et aux plages magellaniques. A ce nom sacré, des nations entières sont sorties de la barbarie; les fers portés en ces lieux par d'avides Européens ont été brisés; le talisman de la superstition a été brisé pour jamais; la voix de la religion, qui n'est que la philosophie, a fait connaître à l'homme sa force, sa dignité, sa grandeur, en lui faisant connaître ses droits. L'Europe entière gémissait encore sous le pouvoir absolu, lorsque quelques colonies anglaises secouent le fardeau pesant de la servitude, que leur imposait une métropole dure et marâtre, loin d'être une mère douce et protectrice. Les efforts généreux de ces colons indignés excitent un vif enthousiasme dans toutes les ames; les guerriers français, ayant à leur tête La Fayette, qu'enflammait un patriotisme héréditaire, s'arrachent aux plaisirs, aux voluptés, à la corruption des cours, franchissent les mers, combattent pour la liberté sur des plages étrangères, triomphent, et la superbe Angleterre est vaincue pour la première fois depuis des siècles, et ces vaillants capitaines partagent avec Washington l'auréole de gloire qui éternise la mémoire des libérateurs de ces régions fortunées.

Les États-Unis se constituent en république, qui servira éternellement de modèle aux autres gouvernements; les droits et les devoirs de l'homme sont fixés; les lois sont l'ouvrage de tous, et tous y obéissent avec joie, parce qu'elles ne reconnaissent ni privilégiés ni castes, et admettent la liberté des cultes; chacun entonne à l'Éternel l'hymne que lui a dicté son cœur; sur cette terre, vierge encore, règne la morale la plus pure, unique ouvrage de la tolérance. Là, non-seulement le corps est libre, mais encore la pensée. On n'y connaît pas deux classes d'hommes, dont l'une est née pour l'insolence et l'autre pour la bassesse, l'une pour la tyrannie, l'autre pour la servitude.

Telle est la cause de l'étonnante prospérité toujours croissante dont jouit ce peuple nouveau. Toutes les autres contrées américaines, à son exemple, se sont constituées en républiques. Le despotisme sacerdotal, la théocratie, le plus funeste de tous les gouvernements, le pouvoir absolu enfin, ont été anéantis en peu d'années, et la moitié du monde est libre.

Cette étincelle de feu sacré, qui a causé un si vaste incendie, et opéré ces changements prodigieux, est sortie de l'Europe; et si ses gouvernements veulent éteindre la liberté dans nos contrées, les peuples courront en rallumer le flambeau dans celles du Nouveau-Monde.

Toutes les nations européennes, même celles sur lesquelles le joug de la servitude s'appesantit davantage, favorisent les nobles efforts de la Grèce la secondent par des sacrifices généreux, et des rois même, des potentats, sont entraînés par le torrent de l'exemple. Nous avons vu des rois, des reines de Prusse, des souverains de Bavière, des princes d'Allemagne et des princes français même, sous les yeux d'un gouvernement allié des pirates barbaresques de Tunis, d'Alger et du pacha d'Égypte; des Helvétiens, défenseurs de leur liberté et amis de celle des autres; des citoyens de Genève, patrie de tant d'hommes illustres, voler à l'envi au secours de ce peuple généreux et héroïque, livré à la barbarie ottomane par tous les gouvernements européens.

Nous avons vu le clergé de Suisse, d'Angleterre et d'Allemagne, partager l'enthousiasme universel pour le courage, la valeur et la sainte intrépidité de cette poignée d'hommes indomptables qui luttent, depuis six années, contre une grande partie de l'Europe, de l'Asie et de l'Afrique; ces dignes ministres de l'Éternel, qui ne connaissent que deux choses, honorer Dieu et faire du bien aux hommes, ont recueilli dans les temples du Seigneur, l'aumône précieuse pour les chrétiens d'Orient, trop oubliés par le clergé de la cour de Rome.

Nous avons vu aussi le spectacle touchant de dames honorables de toutes les cités de l'Europe, qui, dans des concerts brillants, n'ont pas rougi de consacrer en public leur voix mélodieuse à l'infortune, et ont fait connaître des talents, que, sans les circonstances, l'avenir ne nous eût peut-être jamais révélés. Nous avons vu les artistes consacrer leurs travaux et leurs veilles à cette cause sacrée; nous avons vu tous les amis des sciences, des lettres, de la vraie philosophie, déposer à l'envi leurs offrandes.

Enfin, nous avons vu se former, au sein de la capitale, une société unique dans son genre, l'honneur de notre nation, composée des personnages les plus illustres de la France, aussi distingués par leur philanthropie, leur amour de l'humanité, que par leur naissance et les dignités éminentes dont ils sont revêtus. Cette société immortelle est devenue le point central, le foyer où aboutissent tous les actes de bienfaisance, le canal par lequel se transmettent aux Grecs tous les bienfaits de l'Europe, en dépit des amis du privilége et du pouvoir absolu, des sectaires inhumains et d'une politique atroce qui frémit au seul nom de liberté et d'indépendance, et qui traite de rebelles des hommes généreux qui veulent reconquérir une liberté qui leur a été ravie par la force et la violence.

Nous ne pouvons mieux finir, pour conjurer l'humanité au salut de la Grèce, et pour confondre ses ennemis, qu'en nous écriant avec M. le duc de Choiseul, dans un discours remarquable prononcé a la chambre des Pairs: « De toutes parts « l'anathème est lancé contre les oppresseurs, « contre les ennemis des Grecs, contre ceux qui « vont donner des armes et des sciences mili- « taires aux ennemis de la croix, contre ceux qui

« ne savent secourir ni la valeur, ni l'infortune;
« de toutes parts, et gloire en soit rendue à ces
« rois, à ces peuples, et à vous tous, généreux
« Français, les dons, les vœux, les offres en tous
« genres arrivent en faveur de nos frères d'Orient;
« l'Europe (et la France en a donné l'exemple)
« renouvelle une nouvelle croisade de bienfaits et
« de générosité.

« Oui, nobles Pairs, et je ne crains pas de pro-
« clamer au milieu de vous, dont les cœurs sont
« animés de tous les sentiments magnanimes, après
« l'honneur d'être Pair de France, rien ne me pa-
« raît plus glorieux que d'être, ainsi que plusieurs
« de mes illustres et nobles collègues, membre de ce
« comité grec, qui est une des gloires de notre pa-
« trie, en devenant le centre de tous les sentiments,
« de tous les dons européens, pour soutenir cette
« héroïque cause, et en soulager les honorables
« victimes; et si une politique barbare écrase ce
« peuple généreux, et détruit nos espérances, la
« mémoire des peuples, en honorant leurs efforts
« et les nôtres, consacrera le souvenir de notre
« dévouement à la cause sacrée de la liberté lé-
« gale, de la religion et de l'humanité. »

Oui, n'en doutons pas, à l'aspect de tout un peuple en armes que nous avons vu couvrir ses campagnes, la Grèce sortira triomphante de sa noble lutte; elle effacera l'injure de son territoire; elle lavera la honte de quatre cents ans d'esclavage; et ces belles régions, placées sous le plus beau ciel qui soit au monde ; coupées par des canaux et par des golfes profonds que forme de toutes parts la mer qui les environne, créés par la nature comme pour entretenir les communications et l'abondance, qui ne demandent à être fécondées que par une culture légère, verront bientôt de riches moissons couvrir leurs campagnes ravagées. De toutes les parties de la terre, on accourra un jour admirer encore le commerce d'Athènes, l'industrie de Corinthe, les soldats de Sparte, les forges de Lemnos et les troupeaux d'Arcadie. Il sera beau de voir la ville de Minerve sortir de ses ruines, reconquérir son antique renommée, et rétablir son académie, où de toutes les parties de l'Europe une jeunesse studieuse ira approfondir la langue harmonieuse d'Homère, dépositaire des plus nobles créations de l'esprit humain, et qui fut la langue du génie, parce qu'elle fut celle de la liberté, tandis que les jeunes artistes de la Grèce accourront admirer et étudier dans nos savantes capitales les immortels chefs-d'œuvre deux fois conquis à vingt siècles d'intervalle.

Le Grec, favorisé du plus heureux climat, placé sous un ciel favorable, entouré des lumières et des connaissances de l'Europe, doué d'un esprit ardent et propre à l'invention, ayant sans cesse sous les yeux le spectacle d'une nature merveilleuse, enchanteresse, soit par ses charmes, soit par ses horreurs, des fleuves rapides nourriciers, de beaux ombrages, des cascades sans cesse jaillissantes, des montagnes escarpées, d'antiques forêts, des vallées riantes, à l'aspect de ces objets chéris, verra toujours son ame s'enflammer, son imagination s'agrandir, et entretiendra naturellement dans son cœur le flambeau de la liberté créatrice des grands hommes, souveraine des grands peuples.

Quel que soit le résultat de leur noble lutte, vainqueurs ou vaincus, les Grecs seront satisfaits; vainqueurs, ils le seront parce qu'ils auront assuré leur indépendance; vaincus, ils le seront encore, parce que, ne voulant plus retomber sous le joug du servage et résolus à mourir, ils s'enseveliront avec la liberté expirante sous les débris de leur patrie en cendres, et ne laisseront à leurs farouches oppresseurs d'autre domination que celle des cadavres et des ruines.

Mais ce peuple héroïque ne succombera point dans cette lutte glorieuse; toutes les nations libres aujourd'hui sont une preuve éclatante de la vérité de cette assertion; elles ont voulu être libres, elles le sont : les Grecs préfèrent la mort à l'esclavage; les Grecs seront vainqueurs; les oppresseurs des nations succomberont à leur tour, et la Providence sera justifiée.

Mais enfin la politique a cessé d'être sourde à la voix de l'humanité. Les trois premières puissances de l'Europe, cédant à l'impulsion de leurs peuples, qui se sont acquittés d'une dette sacrée envers la civilisation, sortent d'une cruelle indifférence. Un traité a été conclu en Angleterre pour la pacification de la Grèce, le 6 juillet dernier, entre les cabinets de Londres, de Paris et de St.-Pétersbourg. Puissent les rois ne pas intervenir trop tard! le temps presse d'arriver au secours d'un peuple chrétien qui se meurt. Il y a longtemps qu'*une simple note diplomatique eût arrêté l'effusion du sang*, a dit un ancien ministre cher à la France[1] : « Et ce sont là, dit le noble pair, de « ces notes diplomatiques qu'on aimerait à signer « de son sang. »

L'Europe gagnerait à voir s'élever un nouvel état au sein de la Grèce. En l'établissant d'un commun accord, les puissances ne rompront point cet équilibre qu'une politique prudente cherche à conserver. Elles formeront une colonie ouverte à plusieurs peuples qui viendront s'y réunir pour l'échange des productions de vingt climats divers. De nouveaux débouchés s'ouvriront aux provinces méridionales de la Russie; leurs productions descendront dans la mer Noire, et, passant dans le Bosphore, viendront se répandre dans la Méditerranée; le commerce de la mer Caspienne n'en sera que favorisé, et ces fourrures précieuses, richesses des climats glacés du pôle, se répandront jusqu'au fond de la Perse.

La France, qui jouit d'une grande prépondé-

1 Le vicomte de Châteaubriant.

rance dans la Méditerranée, obtiendra aussi une foule de nouveaux débouchés pour ses riches manufactures. Par cette voie, elle tirera plus facilement les productions du nord et ces bois de construction abattus dans les forêts de la Pologne.

L'Angleterre, qui a établi une échelle de garnisons maritimes depuis Corcyre jusques à Ceylan, procurera à ses possessions de la Méditerranée, telles que les îles Ioniennes, Malte, les avantages que fournirait au commerce un état nouveau trop faible pour agir, et trop ignorant encore pour en accaparer tous les fruits.

Barrière politique et religieuse entre l'Europe et l'Asie, la Grèce sera l'avant-garde de la chrétienté; elle préservera nos régions d'un nouveau débordement de Barbares, que leur haine des nations chrétiennes et le fanatisme d'une religion toute guerrière poussent sans cesse à la conquête du croissant sur la croix. Si quelques airs de notre civilisation, introduits furtivement dans la Turquie d'Europe et en Égypte, ont attiédi le fanatisme des sectateurs de Mahomet dans cette contrée, il est encore brûlant et dans toute sa force parmi les nations asiatiques. L'Europe est loin sans doute d'apercevoir le danger de ce côté-là; mais il peut s'y trouver aussi bien que vers le Nord. Si toutes les hordes innombrables, à qui une politique imprudente cherche à donner l'art de la guerre, venaient tout-à-coup à l'acquérir et à se précipiter comme un torrent dévastateur sur l'Europe amollie, croyez-vous que les peuples opposeraient résistance, et que se rencontrerait un autre Charles Martel pour abattre ces autres Musulmans dans les champs de la Touraine? Non, toutes nos grandes villes, craignant pour leurs richesses, plongées dans la mollesse et les plaisirs, corrompues par le luxe, séduites par les arts, occupées de festins et de fêtes, peuplées de riches négociants tout entiers à leurs intérêts commerciaux, capituleraient, et leurs magistrats timides et tremblants courraient au-devant de ces essaims de Barbares, et leur présenteraient avec respect les clefs de leur ville sur des plats d'argent. La France est loin de penser à d'aussi terribles débordements : Rome aussi était loin d'y penser quand tout-à-coup des nuées de Goths et de Vandales accoururent des extrémités du Nord, et fondirent sur le colosse romain, qui s'écroula, et devint la proie des Barbares. Qui connaît les secrets de l'avenir? Nous n'avons plus de prophètes ni d'oracles; qui sait ce qui peut arriver? Prévoyait-on, il y a trente ans, qu'un homme d'un rang obscur, qu'un soldat s'élèverait sur le trône impérial, deviendrait le chef de la plus riche monarchie du monde, s'élancerait, à la tête des armées de la France, sur l'Europe, gagnerait vingt batailles contre ses rois conjurés, réglerait leurs destins, conduirait dans sa couche la fille des Césars, obtiendrait un fils dont l'enfance serait bercée sur les genoux des reines, verrait un de ses chambellans [1] *au milieu d'un embarras de rois*, et pèserait

1 Le prince de Talleyrand.

lui-même dans sa main les couronnes? Non, si on leur eût annoncé, la France, l'Europe, l'univers, ne l'eussent pas cru, et cependant nous avons vu cet homme extraordinaire. Météore rapide et sanglant, il apparut sur la scène du monde, fut un instant et maître de l'Europe; et brûlant toujours de cette soif de gloire et de conquêtes qui devait tout dévorer, tout, et l'Europe, et l'Empire, et le conquérant lui-même, il courut terminer dans les plaines de Waterloo ses destinées étonnantes.

FIN.

www.ingramcontent.com/pod-product-compliance
Ingram Content Group UK Ltd.
Pitfield, Milton Keynes, MK11 3LW, UK
UKHW020321230726
13925UKWH00002B/551

9 782013 651790